2판   이론과 실제

발효식품

2판 이론과 실제

발효식품

최영희·윤재영·이춘자·정외숙·전정원·김귀영·양영숙 지음

교문사

머리말

미래 산업으로 예측하고 있는 '농업사회'에서 발효식품은 건강지향적인 측면에서 볼 때 매우 중요한 한 분야이다. 인류는 역사와 함께 각자 처한 환경과 생활에 적응하면서 고유한 전통음식과 여러 발효식품들을 발전시켜 왔다. 미생물은 자연과 식품 등 도처에서 인간과 밀접한 관계를 유지하면서 그 역할을 담당하며 항상 함께 하여 왔으나, 인간은 미생물의 존재를 오랫동안 인식하지 못하고 경험적으로 이용하여 왔다. 알게 모르게 이용되어 온 식품 내의 미생물의 작용은 100여 년 전부터 그 역할이 점차 학문적으로 밝혀지게 되었다. 미생물은 크기가 작고 환경 적응력이 강하며 가벼우므로 지구상 어느 곳에나 퍼져 나간다. 인간이 식품을 통하여 영양소, 에너지를 얻는 것과 같이 미생물도 동일한 식품을 통하여 영양소, 에너지를 얻는다. 한편, 인간은 오랫동안 미생물에 오염되지 않은 온전한 식품을 얻기 위하여, 또한 이로 인한 위해를 최소화하기 위해 계속적으로 노력하여 왔다. 특히 현미경의 발견과 발달로 인해 미생물 관련 기술이 급속히 발달하여 식품 속에서의 미생물의 역할이 학문적으로 밝혀지게 되었으며, 습관적으로 사용되어 오던 여러 전통음식들이 새로운 방향으로 활발히 연구되었다.

식품 속에 혼입된 미생물이 인간에게 해로움을 주는 경우 부패라 하고, 식품에 혼입되었으나 해롭지 않고 경험적으로 맛이나 향을 증가시키는 경우를 발효라 정의하였다. 발효나 부패는 지역적으로, 국가간에 차이가 있으므로 이 책에서는 우리나라의 발효식품을 우선적으로 다루고 다른 여러 나라의 대표적인 발효식품을 설명하였다.

이 책은 크게 둘로 나누어 1편에서는 발효식품에 대한 전반적인 이해를 돕기 위해 발효식품의 사회문화적·역사적 의미, 발효식품의 전망, 우리나라의 발효식품 종류와 특색, 다른 나라의 발효식품 종류와 특색, 발효와 부패의 의미, 숙성과정 중 물질의 변화와 맛의 변화와 그 요인들, 발효식품의 기초로서 미생물의 역할, 식품 발효와 효소 등 이론적인 배경을 설명하였다. 2편에서는 대표적인 발효식품의 실제에 대하여 설명하였다. 각론은 콩, 채소, 생선·조개류 발효식품과 곡물, 유(乳), 과일 발효식품, 식초 등에 대한 전반적인 설명과 제조공정, 관련 미생물, 저장 보관 방법, 발효 중의 변화, 식품학적 의의, 식품의 맛의 특성, 일반적인 만드는 방법, 사진들이 들어가 있어 발효식품에 대한 이해를 돕고 있다.

예로부터 우리나라에 대대로 전해지는 발효식품은 집마다 할머니, 어머니, 딸들에게 전수되어 이어져 내려왔으나, 요즘 젊은 세대들은 입시와 취업준비로 치열하게 살고 있기 때문에 우리의 전통 식생활에 대한 관심이 점차 줄어들고 있다. 이에 저자들은 젊은 세대들이 이 책에서 제시한 방법을 배워 기본적이고 전통적인 우리의 발효식품에 대한 지식을 익히고 세계의 발효식품에 대한 이해를 넓히는 기회가 되었으면 한다.

끝으로 이 책의 출판을 도와주신 교문사 류제동 사장님께 감사의 마음을 담아 드리며, 우리 전통음식을 사랑하고, 그 맥을 잇기 위해 오랜 세월 동안 정기적인 모임을 갖고 공부해 오면서 식생활문화 분야에서 다양하게 활동하고 있는 좋은 모임인 '한국의 맛 연구회' 회원들께도 감사드린다.

2017년 2월
저자 일동

차례

1편

발효식품의
이해

1장 발효식품의 사회문화적·역사적 의미

발효식품(醱酵食品, fermented food)은 자연이 우리에게 내린 하나의 선물이다. 사람이 생명현상을 유지하는 데 있어 중요한 요소가 식품이며, 우리는 이 식품을 섭취함으로써 건강한 삶을 영위하게 된다. 식품을 어떻게 섭취하는가에 따라 각 민족의 독특한 식생활문화가 형성되고, 식문화는 자연환경 및 종교, 여러 사회문화적 환경의 영향을 받는다. 발효식품은 특히 그 지역의 기후, 토양 등의 자연환경에 크게 영향을 받는다.

세계 여러 나라에서 각각 그 지역 고유한 방식으로 제조되는 발효식품은 그 나라 식문화의 뿌리가 되기도 하고, 그 민족의 정서와 슬기를 담아내는 소중한 전통 음식으로 발달하였다. 사람들은 아주 옛날부터 미생물을 이용하여 자연발효에 의한 발효식품을 가공하는 방법을 터득하였다. 발효식품을 만들 경우 주위의 자연 환경에 의해 품질이 좌우되어 어떤 때는 좋은 제품을 얻을 수 있지만 때로는 그렇지 못한 때도 있다. 미생물에 대한 연구가 활발해진 현대에는 발효식품에 유익한 미생물이나 효소를 작용시켜 과학적으로 발효식품을 제조하지만, 옛날에는 사람에게 유익한 미생물의 작용에 대한 지식이 없이 발효가 진행되는 과정을 경험을 통해 터득하였다. 따라서 좋은 맛의 발효미를 얻기 위해 많은 정성과 노력을 기울여야 했다. 우리나라의 경우, 옛날 가정에서 장 담그기를 할 때나 초나 술을 빚을 때 여러 금기사항을 지켜야 하는 풍속을 낳기도 하였다.

이러한 발효식품이 이미 오래 전부터 식용되기 시작하여 오늘날까지 애용된다는 것은 장기간의 세월을 걸쳐 그 제조법이 전수되는 과정에서 전통 발효식품의 참된 가치가 이미 검증이 된 식품이라는 의미이며, 그 진가가 인정되지 않았다면 현재 존재할 수도 없을 것이다. 실제 발효식품인 장류나 김치의 단순한 식품 재료인 콩이나 배추 등이 '발효'라는 숙성과정을 거치면서 영양학적인 가치뿐만 아니라 독특한 풍미와 함께 새로운 생리활성 물질을 생성하여 건강 기능성 식품으로서의 기대 효과 및 성인병 예방과 치료 기능까지 있다는 사실이 밝혀지고 있다.

세계 많은 나라와 지역의 사람들에게 유용하게 이용되고 식문화의 중요한 부분을 차지하는 발효식품의 유래는 인간의 역사와 함께 해 왔다고 볼 수 있으며, 미생물학의 연구 발전과 깊은 관련성을 지닌다. 미생물은 자연환경에서 유기물의 분해와 재이용이라는 중요한 역할을 수행하면서 우리에게 유익하게 이용된다. 식품은 미생물에 의해 독성을 지니기도 하고, 곰팡이에 의해 오염될 경우 부패식품이 되어 식중독을 일으키는 위험한 요소가 되지만 미생물작용에 의해 식품의 좋은 맛과 풍미, 소화성 증진 등 사람에게 갖가지 이로움을 주기도 한다.

발효와 부패는 모두 미생물에 의한 유기물의 분해현상이지만 사람에게 있어 유용한 경우에 한하여 발효(醱酵)라고 부르고, 미생물이 유기물을 분해할 때 악취를 내거나 유독물질을 생성하여 유용하지 못한 경우에 한하여 부패(腐敗)라고 한다. 다시 말해, 발효란 넓은 의미로는 미생물이나 균류 등을 이용해 사람에게 유용한 물질을 얻어내는 과정을, 좁은 의미로는 산소를 사용하지 않고 에너지를 얻는 당 분해과정을 말한다. 젖산균이나 효모 등 미생물의 발효작용을 이용하여 만든 식품으로 미생물의 종류, 식품의 재료에 따라 발효식품의 종류는 다양하며, 각기 독특한 특징과 풍미를 지닌다. 농산물·축산물·수산물 등 다양한 식품들이 발효식품의 재료로 쓰이는데, 그 특유의 성분들이 미생물의 작용으로 분해가 되고 새로운 성분이 합성되어 영양가가 향상될 뿐 아니라 저장성 부여와 식품의 향·풍미·조직감 향상, 기호성 등이 우수해진다. 발효식품은 한 가지, 또는 둘 이상의 미생물이 관여하여 만들어지며, 모든 발효식품은 세계 여러 지역에서 그 자연환경의 특성에 맞게 이미 오래 전부터 이용되어 왔다.

대표적인 발효식품으로는 콩 발효식품인 간장·된장·청국장·고추장 등과 채소 발효식품인 김치류와 장아찌, 젓갈류, 식초류, 주류 및 유 발효식품인 치즈·버터·요거트·빵 제품 등이 있다. 그 밖에 차(茶)도 발효식품으로 볼 수 있는데, 차는 일반적인 미생물에 의한 발효가 아니라 차 잎에 함유된 산화 효소에 의해 황색으로 산화되는 것이며, 산화정도에 의해 완전발효차인 홍차, 보이차와 반 발효차인 우롱차 등 여러 가지로 나뉜다.

2장

발효식품의
전망

인간은 늘 식품을 먹고, 이 지구상에 존재하면서부터 먹을거리를 구하기 위해 최선을 다해왔다. 인류의 역사에서 거의 대부분은 식량자원을 구하는 것이었다. 식품은 인간에게 생명을 유지할 수 있는 영양소를 공급해주고 맛과 향, 조직감으로 즐거움을 주며 더 나아가 더욱 건강하고 오래 살기를 기원하는 인간에게 부합되는 건강증진의 기능 및 그 이상의 의미를 가지고 있다. 초기 인류는 수렵과 채집경제로 시작하여 인류최초 제1의 혁명이라 할 수 있는 농경이 시작되었고, 이후 오랫동안 농업사회를 지속하다가, 산업사회, 정보화시대를 거쳐 제4차 산업인 인공지능의 사회에 접어들었다. 이러한 시대적 변화를 거치면서 농업의 비중은 점차 줄어들었으나 미래의 산업은 다시 농업사회로 예측되고 있다. 미래 산업의 농업은 탁월한 정보화와 인공지능의 결합으로 고도의 기술력이 융합된 농업화가 이루어져 보다 나은 사회, 사람을 위한 건강하고 안전한 먹을거리 생산에 주력하는 농업사회로 발전하게 될 것이다. 여러 발효식품은 건강기능성의 가치가 이미 널리 알려져 있어 미래 산업의 농업에서도 중요한 위치를 차지할 것이다.

식품에 미생물이 더해져 발효과정이 진행되는데, 이 과정에서 인간은 원재료와는 달라진 맛과 향미, 조직감 그리고 심지어 영양가가 향상되는 결과를 경험하게 된다. 많은 문헌에 보면 발효식품인 포도주, 치즈, 유산균 음료 등은 건강 및 장수와 관련이 있고 손님에게 접대하는 음식으로 간주되었다. 다양한 방식으로 발효과정을 거친 식품은 그 지역의 기후, 토양 등의 자연환경에 영향을 받게 되어 지구상 여러 지역에서 다양한 발효식품이 발달되었고 이는 식문화 발전의 근간이 되어 왔다.

자연에서 터득한 발효과정은 기술로 전수되어 음식의 맛과 저장성이 증진되었고 우리나라의 경우 김치와 된장, 간장 등의 장류, 젓갈, 막걸리 등으로 개발되어 오늘에 이르고 있다.

최근에는 발효식품이 건강에 좋다는 것이 과학적으로 증명되고 있는데, 세계적 건강전문지인 미국의 잡지 Health에서 세계적인 건강식품 5가지로 우리나라의 김치, 일본의 낫또와 콩제품, 인도의 렌즈콩, 그리스의 요거트, 스페인의 올리브 오일을 선정하였다. 선정된 5가지 식품 중 우리나라 김치, 낫또, 그리고 요거트가 발효식품으로서 현대 사회에서 발효식품은 건강이라는 중요한 키워드로 대변되고 있다. 실제 인터넷, SNS 등을 통해 발효식품에 대한 소셜미디어 심리 연관어를 보면 김치, 된장, 유산균, 음식, 성분, 좋은, 다양한, 효능, 엑스포, 전주라는 단어들이 검색되는데(그림 2-1), 음식이라는 점, 발효과정을 통해 얻어지는 특이한 성분, 그 성분의 효능에 관심이 많고 또한 건강에 유익할 뿐만 아니라 질병의 치료에도 기대하고 있는 심리가 보인다.

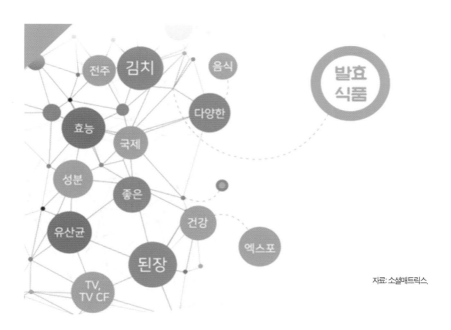

자료 : 소셜매트릭스.

그림 2-1 발효식품과 관련된 심리 연관어 분석
자료 : 농림수산식품 교육문화정보원. 농업농촌종합정보 포털 옥답.

최근 발효식품에 있어서 식품학적 가치를 건강증진에 두고 있다. 건강증진에 중요한 역할을 하는 것은 프로바이오틱스(probiotics)인데, 발효과정에서 미생물 특히 당질을 분해하여 발효산물로 알코올, 유기산, 이산화탄소 등을 생성하는 유용한 미생물을 일컫는다. 프로바이오틱스는 발효과정에서 큰 분자를 작은 분자의 영양소로 분해하여 소화가 용이하게 만들며 생성된 유기산은 산성의 조건을 조성하므로 식중독균 및 병원성 균의 성장을 억제할 수 있고 무엇보다 건강증진 효과를 갖는다. 발효식품에 함유되어 있는 유용한 프로바이오틱스는 표 2-1과 같다.

표 2-1 **프로바이오틱스 박테리아, 효모, 곰팡이 균주**

Lactobacillus sp	*Lab. acidophillus, Lab. plantarum, Lab. casei, Lac. lactis, Lab. rhamnosus, Lab. brevis, Lab. bulgaricus, Lab. fermentum, Lab. helveticus*
Bifidobacterium sp	*B. bifidum, B. longum, B. infantis, B. brevis, B. adolescentis*
Other bacteria	*Strep. thermophilus, Ent. faecium, Leu. mesenteroides, Ped. acidilactici, Bac. subtilis*
Yeasts	*Sacch. boulardii, Sacch. cerevisiae*
Mold	*Asp. oryzae*

자료: 박건영(2012). 발효식품의 건강기능성 증진효과. 식품산업과 영양 17(1) 4p

이러한 프로바이오틱스를 함유하고 있는 발효식품으로는 서양의 요거트와 요거트가 함유된 유제품, 치즈 등이 있고 동양에서는 콩을 이용한 발효식품이 있으며 배추와 양배추를 발효한 김치와 사우어크라우트도 대표적이다. 프로바이오틱스 미생물은 발효에도 관여할 수 있으며 균 자체를 섭취로 얻을 수 있는 건강상의 이점 및 증진 효과는 다음과 같은 건강증진 효과를 나타낼 수 있다.

1. 소화관 내 질병 개선

- 대장 내의 균의 조성을 조절, 감염 및 항생제 사용으로 인한 설사를 조절하고 완화
- 유당을 분해하는 효소의 분비로 유당불내증 개선
- 위염 및 위암의 원인균인 헬리코박터 파이오리에 항균성 효과
- 장통과시간을 단축하여 변비 개선
- 민감성대장증후군 개선
- 대장염 개선

2. 면역계

- 감기 및 상기도의 감염에 다소 완화시키는 효과
- 알러지, 천식, 아토피 피부염, 비뇨생식기 감염 및 류마티스성 관절염 개선

3. 대사 관련

- 비만, 대사이상과 당뇨병, 고콜레스테롤 증상 개선

프로바이오틱스 미생물은 인간에게 질병을 유발하게 하는 장내 미생물균총을 저해하고 변화시키는데 있어서 그 잠재적 가능성을 가지고 있다. 우리나라의 주요 발효식품으로 김치, 된장, 간장, 젓갈의 프로바이오틱스 균수는 발효과정을 거치면서 점차 상승하는 것으로 밝혀졌고 더 나아가 항산화 및 항암효과까지도 확인되고 있다.

이러한 프로바이오틱스의 효능은 식생활에서 섭취하는 식품의 트렌드에도 나타나고 있는데, 실제 2015년 셰프들이 선정한 식품의 트렌드는 발효, 식초, 로컬푸드, 자연식품 등 건강과 웰빙의 의미인 단어로 요약되었다. 다양한 발효식품 중 전통 양념으로 사용되는 간장, 된장, 고추장을 응용한 다양한 소스가 조리에 응용됨으로서 시장에서는 소스 및 드레싱류의 소비가 늘어나는 추세이다. 마트에서 판매되고 있는

장류의 종류는 조리의 용도별로 사용할 수 있게 다양하다. 게다가 복합발효기술을 적용한 다양한 소스 및 식초류가 개발되어 상용화 되고 있는데, 대표적인 예가 간장과 유사한 샘표식품의 '연두'이다. 간장에 곰팡이와 효모, 유산균, 고초균 등 살아있는 미생물을 어떻게 조절하느냐에 따라 맛, 향, 색이 달라지는데, 이 균들을 적절히 배합해 발효하는 복합발효방법으로 요리에센스를 개발하여 판매되고 있다. 간장을 기본으로 MSG를 대체하는 소재로 발효분해소재, 천연지미소재, 가공향 등이 개발되고 있어 제품의 가공 및 조리과정에서 풍미를 상승시켜주는 역할을 하고 있다. 대상, 청정원, 신송식품 등 국내 식품회사에서는 이러한 역할을 할 수 있는 제품을 개발하여 판매하고 있다.

현재 식품관련 산업의 발전에서 건강증진 효과가 확인되고 있는 발효식품이 견인차 역할을 하고 있다. 국내 전통발효식품의 시장규모는 2013년 7조 5천억 원을 헤아렸고 매년 10% 이상 성장하고 있는 추세이다. 장류의 경우 수출량도 꾸준히 증가세를 보이고 있는데, 2009년 2만 2,491톤에서 2014년 3만 1,089톤으로 증가하고 있다.

프로바이오틱스에 대한 꾸준한 관심으로 글로벌 시장규모도 32조 원에 다다를 정도로 커지고 있으며 국내 프로바이오틱스 건강기능식품의 시장도 계속 증가하는 추세이다. 현재 우리나라 전통발효식품을 기반으로 한 식물성 프로바이로틱스 제품개발이 추진되고 있으며 단순한 프로바이오틱스 제품이 아닌 나라별, 인종별, 체질별, 세대별, 장내 미생물 균총에 대한 맞춤형 제품개발로 소비자의 선택의 폭을 넓히려 하고 있다.

앞으로는 새로운 기능성 프로바이오틱스의 발굴과 기능이 서로 다른 여러 종류의 미생물을 일정 비율 혼합한 후 올리고당, 키토산, 식이섬유 등을 첨가한 제품으로 개발 될 것이다. 한국 전통식품 유래의 유용균주를 발굴하고 그 효능을 검증하고 상용화하기 위한 노력이 계속 될 것으로 보인다.

3장

우리나라의 발효식품

1. 콩 발효식품

콩 발효식품은 동물성 단백질 섭취가 비교적 쉬운 육식 식습관의 목축문화권보다 동물성 단백질식품의 먹잇감 획득이 어려운 농경 문화권에서 발달하였다. 예부터 곡물 및 채소 위주의 식습관을 지닌 우리나라는 일상 식생활에서 부족하기 쉬운 단백질의 보완을 위해 콩을 적극 활용하였으며, 그 과정 중에 자연의 힘을 이용하여 개발된 것이 콩 발효식품이다. 우리나라의 대표적인 콩 발효식품에는 간장, 된장, 청국장, 즙장, 고추장 등의 장류가 있다.

장류는 우리만이 가지고 있는 것이 아닌 동양의 고유한 발효식품이다. 식물성 단

장류의 재료가 되는 콩

백질을 많이 함유한 콩에 적당한 소금 농도를 가해서 미생물의 작용으로 분해하여 육류와 같은 구수한 향미를 내게 하였기 때문에 조미료가 되는 동시에 저장성이 좋은 기본 상비식품이다. 이와 같은 가공 발효식품인 장은 일본의 낫토, 인도네시아의 템페 등 중국의 동반부, 말레이시아 등에도 분포되어 콩 발효식품의 장류 문화권을 이루고 있지만, 우리나라만큼 장의 역사가 깊거나 독특하지 않고 가짓수도 많지 않다. 그러므로 우리나라는 단연 장류 문화권의 종주국이라고 자부할 수 있다. 우리 민족만이 느낄 수 있는 장은 곧 우리 식문화의 뿌리요, 우리 민족의 정서와 사고방식의 원천이 되어왔다. 또한 우리 고유의 맛을 규정하는 가장 기본적인 발효식품으로서 우리 민족의 창의성이 집약된 산물이라 할 수 있다.

장의 역사는 주재료인 콩의 원산지부터 추정할 수 있다. 콩의 원산지는 우리나라를 비롯하여 한반도 북쪽의 만주를 포함한 동북아시아 지역으로 보고 있다. 우리나라의 콩 재배 흔적은 청동기 시대 유적에서 찾아볼 수 있는데, 콩의 유물인 식물 유체가 회령 오동 주거지, 평양 남경 36호 주거지, 합천 봉계리 유적 등에서 발견되었다. 지금도 우리나라 도처에서 콩의 야생종이 발견되고 있어 콩의 원산지임을 보여주며, 동시에 콩의 식용 기원이 상당히 앞서 있었다는 것을 짐작하게 한다. 문헌상에 등장하는 장은 콩의 역사에 비해 그다지 길지 않다. 그러나 《삼국지》 〈위지〉 동이전의 고구려편에 '자희선장양(自憙善藏釀)' 이라고 기록되어 있는 것으로 보아 이미 3세기경에 우리나라에서 장담기가 행해지고 있었음을 짐작할 수 있다. 선장양이란 장담기, 술빚기, 젓갈담기 등 발효식품의 기술을 총칭하는 의미이다. 또 《삼국사기》의 기록에 의하면 신문왕 3년(683)에 왕비의 폐백품목에 장과 시가 포함되어 있다.

장의 초기 모습을 미루어 짐작해 볼 때 오늘날의 청국장과 비슷한 형태라고 생각된다. 콩의 식용을 위해 삶거나 쪄 두었던 콩을 미처 다 소비하지 못하고 방치하였을 경우 공기중에 존재하는 미생물에 의해 삶아 둔 콩에 끈적거리는 진이 생기고, 여기에 독특한 감칠맛이 있음을 발견하여 '시(豉, 낟알로 띄워진 콩)' 를 만들게 되었을 것으로 추정할 수 있다. 또 저장성을 높이려고 소금을 첨가하였더니 별난 맛의 액체를 얻게 되었으며, 이것으로 즙액인 간장이 제조되었을 것이다. 우리의 간장, 된장, 청국장, 고추장 등의 콩 발효식품은 콩 자체보다 소화율에서도 우수하

볏짚으로 싸서 메주 말리기

장독의 금줄

고 영양 효율성도 높아 우리 조상들의 걸작품이라고 할 수 있다.

1) 메 주

장의 기본은 콩을 푹 삶아 메주를 제조하는 데 있다. 메주는 볏짚이나 공기로부터 여러 미생물이 자연적으로 들어가 발육하게 되고, 이들 미생물은 콩의 성분을 분해할 수 있는 단백질분해효소(protease)와 전분분해효소(amylase)를 분비하여 장의 고유한 맛과 향을 내는 미생물이 더 번식하게 된다. 메주의 색은 붉은 빛이 도는 황색, 즉 밝은 갈색이 나게 뜬 것이 좋다. 메주를 꼭꼭 밟아서 만드는 것은 콩 단백질의 결속력을 높여 주어서 미생물의 발효 증식이 잘 되도록 하기 위해서이다.

메주의 숙성 및 발효에 관여하는 주 미생물은 누룩곰팡이속(*Aspergillus*)와 고초균(*Bacillus subtilis*)이다. 이들 미생물은 물 맑고, 햇빛 좋고, 공기가 깨끗한 기후조건을 지닌 우리나라에서 활발한 작용을 하는 것으로 알려져 있다. 특히 짚을 좋아하는 성질을 지녀 짚에서 잘 자라므로 메주를 볏짚으로 묶어 말리는 것은 볏짚을 이용해 메주를 잘 발효시키게 하기 위한 우리 조상들의 지혜가 돋보이는 방법이라고 할 수 있다. 장독대에 짚으로 왼새끼를 꼬아 금줄을 치는 이유도 잡스러운 것이 접근하지 못하게 하는 주술적인 의미와 함께 바실러스 서브틸리스의 배양을 위한 것이다.

2) 고추장

고추장은 전통 장류 중 가장 늦게 개발된 것이지만 독창성이 돋보이는 특수 장이다. 고추장은 장류의 대표적인 짠맛 외에 단맛, 고소한 맛과 함께 매혹적인 매운맛이 더해져 맛의 조화를 이룬 것으로 세계 어느 나라에서도 그 유래를 찾아보기 힘든 독특한 우리 고유의 전통 발효식품이다. 고추장은 조선 시대에 고추가 우리나라에 전래된 이후 만들어지기 시작했다. 예로부터 우리 민족에게 있어 널리 이용, 개발되어 온 콩 발효가공기

고추장을 탄생시킨 붉은 고추

술이 있었기 때문에 고추가 도입되자 곧 우리의 창의성이 발휘된 독자적인 고추장이 탄생한 것이다. 따라서 고추장의 제조 기원은 고추의 유입과 연관되어 있다.

　고추(苦椒)는 조선 시대 임진왜란 후에 들어와 만초(蠻椒), 남만초(南蠻椒), 번초(蕃椒), 왜초(倭椒), 왜개자(倭芥子), 랄가(辣茄), 당초(唐椒) 등 여러 이름으로 불리면서 조미료로서의 역할뿐만 아니라 고추 위주의 새로운 식품 개발을 선도함으로써 우리 고유의 독창적인 음식문화를 형성하는 촉진제가 되었다. 고추의 전래 시기 및 경로에 관한 최초의 기록은 《지봉유설(芝峰類說)》(1614)이며, 고추장 만들기에 관한 최초의 문헌상 기록은 《증보산림경제(增補山林經濟)》(1767)에 만초장으로 수록되어 있다. 여기에는 오늘날의 고추장과 다름없이 콩의 구수한 맛, 찹쌀의 단맛, 고추의 매운맛, 청장에서 오는 짠맛의 조화미를 갖춘 고추장을 선보이고 있으며, 맛을 더하기 위해 참깨를 첨가하고 있다. 또 〈별법〉에는 건어(乾魚), 다시마를 넣어 더욱 구수한 맛을 내는 방법까지 기술하고 있다. 이 책에는 고추장 외에도 급히 고추장 만드는 법과 두부고추장 제조법이 덧붙여 있어 한층 발달된 고추장 제조기술의 모습을 엿볼 수 있으며, 이러한 것이 바로 고추장의 시초라고 할 수 있다.

청국장의 진

3) 청국장

청국장은 신비의 장으로 일컬어질 만큼 그 다양한 약리학적 효능으로 인해 높이 평가되고 있는 장류이다. 청국장의 끈적끈적한 점성물질인 진은 고초균(*Bacillus subtilis*)에 의해 콩 성분으로부터 생합성되는 글루탐산의 중합체와 과당의 중합체인 푸락탄(fructan)의 혼합물로 알려져 있다. 콩을 가장 지혜롭게 먹는 방법 중의 하나인 청국장은 콩의 주요 성분인 양질의 단백질을 비롯하여 레시틴, 이소플라본, 사포닌, 트립신 저해제 등의 다양한 성분들이 뇌를 건강하게 하고 혈전증의 치료제로 유용하며, 특히 암세포의 분열을 억제하는 데 우수한 효과가 있음이 여러 연구에 의해 밝혀졌다. 청국장의 경우 간장, 된장과는 달리 장기간의 숙성·발효과정을 거치는 식품이 아니라 단기 발효에 의해 제조되는 특성을 지니고 있으며, 특히 소금의 첨가 없이 발효가 이루어짐으로써 날(生) 청국장 그 자체로 이용할 수 있고, 조리 시에도 자유롭게 염도 조절이 가능하여 과다 염분 섭취의 중압감에서 벗어날 수 있는 장점이 있다. 따라서 콩을 가장 효과적으로 먹는 방법이 곧 청국장 형태인 것이다.

2. 채소 발효식품

채소류는 일반적으로 건조하기는 쉬우나 건조된 상태에서 조리했을 때 채소 특유의 신선미를 유지하기는 어렵다. 또한 수분이 많아 냉장시설이 없던 상고 시대에는 저장·보관이 매우 어려워 건조 처리나 소금 절임이 필요하였다. 소금에 절이면 채소가 연해지며, 씹을 때 신선미가 있고 오랫동안 저장이 가능하다. 채소와 어패류를 묽은 농도의 소금에 절이게 되면 자가효소(自家酵素)작용과 호염성(好鹽性) 세균의 발효작용으로 각기 아미노산과 젖산을 생산하는 숙성과정을 볼 수 있다. 즉, 소금은 일종의 탈수작용 또는 삼투압작용으로 대부분의 미생물 생육을 억제하고 유익한 발효가공을 하도록 도와준다. 아미노산 발효나 젖산 발효는 식품을 보존하고 저장하는 효과도 있지만 미각적으로 우수한 발효 가공식품을 형성하는 것이다. 이것이 김치와 젓갈의 시초가 되는데, 이 절이는 방법은 모든 인류에 있어 자연 발생적이었다고 할 수 있다. 이 단순한 절임의 과정이 발효과정으로 발전된 것은 식품가공 역사에서 획기적인 변화인 것이다.

채소의 장기 보관에 꼭 필요한 소금

우리나라에서 독특한 채소 발효식품인 김치가 개발된 배경은 자연환경과 조상의 슬기로운 음식솜씨에서 비롯되었다. 우리 민족은 농경민족으로서 곡물 위주의 식생활을 영위하면서 채소를 즐겨 먹는 식습관이 있었는데 추운 겨울 3~4개월을 지내야 하는 자연환경에서 김치는 한겨울 동안에 부족하기 쉬운 비타민 C의 결핍을 예방해 준 귀중한 음식이었다.

김치의 기원은 상고 시대의 문헌적인 뒷받침이 빈약해 그 제조 시기를 정확히 알 수는 없다. 다만 우리 민족이 고대부터 채소를 즐겨 식용하였고 소금을 만들어 사용하였다는 사실과 젓갈, 장류 등의 발효식품이 만들어진 시기 등을 고려해 볼 때 이미 삼국 시대 초기부터 또는 그 이전부터 채소·단순절임형 김치무리가 제조되었으리라고 추정할 수 있다. 이 시기의 김치무리는 삼국 시대의 재배 채소로 추정되는 순무, 외, 가지, 박, 부추, 고비, 죽순, 더덕, 도라지 등의 채소류가 그 주종을 이루었을 것이다. 그 당시의 김치 제조법은 매우 단순해서 채소를 소금에만 절인 형태, 간장·된장 등의 장류에 절인 형태, 소금과 술지게미에 절인 형태, 소금과 곡물죽에 절인 형태, 식초에 절인 장아찌(짠지) 형태가 김치의 원형으로 보인다. 고려 시대의 김치무리는 장아찌형과 함께 새롭게 개발된 국물이 있는 김치무리, 즉 나박지나 동치미류가 등장하여 분화 개발된 김치 형태를 보여 주고 있다. 또한 김치무리에 천초, 생강, 파, 귤피(橘皮) 등의 향신료가 가미되는 담금 형태의 김치무리가 선보이기 시작하였다. 김치에 양념이 사용된다는 것

소금 절임형 김치무리

김치의 주 재료인 배추와 무

은 매우 의미 있는 일이다. 기존의 짜디 짠 장아찌형의 김치에서 짠맛을 감소시키기 위해 퇴렴을 하면서 싱겁고 순한 맛의 나박지형과 싱건지형의 김치가 등장하게 되고, 이러한 싱거운 맛의 김치무리에 맛을 더하기 위한 방편으로 양념 사용의 필요성이 대두되었을 것이다.

한편 무를 절여 겨우내 양식을 한다는 기록이 있어 김장의 풍습도 이 시대에 이미 시작되었다고 볼 수 있다. 조선 시대 초기의 김치는 인쇄술의 발달에 따른 농서(農書)의 폭 넓은 보급에 의해 채소 재배 기술이 늘어나고, 또 외래로부터 유입된 채소도 많아져 김치 재료도 다양해짐에 따라 김치가 지역의 명물로 등장하는 향토성을 나타내 주기도 하며, 꿩(생치: 生稚)이나 닭 등도 김치의 재료로 이용되고 있어 채소에 육류가 가미된 김치 형태를 보여 주고 있다.

김치 제조법은 단순 절임의 장아찌형과 싱건지 형태의 김치가 있으며, 나박지, 동치미형 물김치까지 등장하고 있다. 김치 국물을 낼 때 맨드라미나 잇꽃(紅花), 연지(臙脂) 등 붉은색을 곱게 우려내기도 하며, 또 이 시기에는 김치에 양념 사용이 두드러져 김치의 주재료와 부재료의 구분도 뚜렷해진다.

유입된 시기에 대한 논란이 있는 고추의 사용은 17세기 이후의 식생활문화에 큰 변화를 가져다주었다. 고추가 김치 양념의 하나로 자리 잡기 시작하면서 이전의 담백한 맛의 김치무리가 조화미(調和味)로 바뀌게 되었고, 주 재료와 양념 재료가 각각 확대되었다. 특히 김치에 고추가 혼입되면서 젓갈도 다양하게 쓰이게 되었다. 식물성 식품에 동물성 식품을 첨가하여 맛과 영양의 조화를 지니게 되었으며 김치의 감칠맛을 향상시켜 주었다.

김치의 주종도 배추와 무가 차지하게 된다. 특히 김치의 대명사인 배추통김치는 배추의 품종 개량이 이루어져 반결구형, 결구형 배추가 등장하기 시작한 19세기부터 오늘날의 대표적인 김치가 되었다. 김치의 담금법도 장아찌형, 물김치형, 소박이형, 섞박지형 등으로 다양하게 발달하였고, 제조방법도 김치를 소금에 절여서 퇴렴(退鹽)하여 담는 2단계 담금법으로 발전하였다. 이러한 발달과정에서 상고 시대에 있었던 절임형 김치는 조선 시대 중기 이후로 우리나라 일상식 반찬 종류의 하나인 장아찌로 독립되어 밑반찬으로 이용되고 있다. 배추나 무 등에 각종 부 재료를 넣어서 만드는 김치류는 숙성되는 동안 채소류에 함유되어 있는 당류가 젖산균에 의해서 젖산과 기타 유기산으로 변하여 신선한 맛을 주고, 여기에 각종 향신료가 가미되어 독특한 향미를 부여하게 된다. 그러나 일정기간 지나게 되면 과도한 산이 생성되고, 펙틴질이 분해가 되며 호기성 세균의 번식으로 불쾌취가 생성되어 품질이 손상된다. 김치의 이러한 변화 과정은 특히 소금 농도와 발효 온도에 따라서 양상이 달라진다. 김치는 채소의 신선미와 발효에 의하여 생긴 젖산균의 청량미와 정장작용(整腸作用)이라고 하는 여러 가지 효과가 있다. 특히 고추가 유입된 후 김치에 고추를 넣는 지혜는 맛을 맵게 하고 고운 색을 유지하기 위한 것도 있지만, 그보다 김치의 산패를 방지하여 발효에서 우러나는 김치의 맛깔스런 삭은 맛(醱酵味)과 날채소를 씹는 듯한 사각사각한 신선미(조직감)를 유지하는 데 더 큰 의미가 있다.

3. 생선 · 조개류 발효식품

젓갈은 동물성 식품을 이용한 염장식품으로서 생선 · 조개류에 다량의 소금을 넣어 일정 기간 숙성하면서 발효시킨 수산 가공 발효식품이다. 우리나라는 삼면이 바다인 천혜의 조건을 두루 갖추고 있어 일찍이 수산물의 이용이 원활하였다. 젓갈의 기원은 소금이 제조된 시기와 관련이 있다. 소금을 사용하여 풍부한 수산자원인 생선의 저장성을 높이기 위한 방법인 젓갈은《삼국사기》의 '해(醢)' 에서 찾아볼 수 있으나 기록 훨씬 이전부터 이미 제조되었을 것으로 추정하고 있다. 생선 · 조개류에 소금을 가하여 저장함으로써

새우젓

생선·조개류 자체의 효소작용으로 자가소화 작용을 일으켜 독특한 풍미를 가지는 고유의 발효식품이며 젓갈과 식해(食醢)류가 있다.

전통 젓갈인 해는 생선, 연체류, 전복, 조개 등의 패류나 생선의 아가미, 알 등 내장에 소금을 대개 10~20% 내외로 첨가하여 일정한 온도에서 짧게는 약 2~3개월, 길게는 6~12개월간의 숙성 발효과정을 거치는데 이때 내염성 세균과 효소의 작용으로 단백질이 분해가 되면서 특유의 풍미가 형성된다. 저장성이 좋은 발효식품인 젓갈은 김치에 이용되는 액젓, 반찬으로 먹을 수 있는 육젓, 조미식품으로 사용되는 어간장 등 다양한 용도로 이용되고 있다.

식해류는 생선이나 조개류에 익힌 곡류와 엿기름, 소금 또는 누룩을 혼합하여 단기간 발효시킨 것으로 김치형 젓갈이라고 할 수 있다. 내장을 완전히 제거한 명태, 가자미, 조개 등에 6~8%의 소금을 첨가하여 하루 정도 절인 다음, 조밥 또는 쌀밥, 엿기름, 고춧가루, 마늘 등을 혼합하여 2~3주 정도 숙성·발효시킨다. 발효과정에서 어체가 분해되어 아미노산이 생기고, 저염도에서 숙성·발효됨으로써 젖산이 생성되어 신맛에 의한 비린내 제거 효과와 함께 특유의 맛과 향이 부여된다.

식해는 소금이 귀한 지역에서 발달하였으며, 함경도의 가자미식해, 강원도의 명태식해, 오징어식해 등은 향토색이 짙은 발효식품이다. 젓갈은 높은 염도에서도 생육할 수 있는 내염성 세균이 주종을 이루며, 식해는 젓갈류 숙성에 관여하는 미생물 이외에 산과 알코올을 생성하는 세균이나 효모 등이 복합적으로 관여하며, 숙성·발효되는 저장 기간 동안 단백질이 아미노산으로 분해가 되어 고유의 맛과 향기를 낸다. 또한 생선의 뼈는 분해가 되어 흡수되기 쉬운 칼슘 상태로 변한다. 그리고 지방은 저급지방산으로 변해 젓갈 특유의 맛과 향기를 내게 되고, 양질의 단백질과 칼슘을 공급한다. 또 지방질의 공급원이기도 하는 젓갈은 칼슘 함량이 높은 알칼리성 식품으로 체액을 중화시키는 데에도 중요한 몫을 하고 있다. 젓갈 중 새우젓은 필수아미노산의 함량이 매우 풍부하다. 특히 발효과정에서 리신의 함량이 증가하여 그 옛날 곡물 위주의 식습관에서 부족되기 쉬운 아미노산을 보충할 수 있었던 이점이 있으며, 오늘날에도 영양적인 가치가 높은 발효식품이다. 또한, 비교적 지방이 적어 담백한 맛을 지니고 있다. 멸치젓은 젓갈류 중 열량과 지방 함량이 가장 많으며, 필수아미노산의 함량도 높다.

4. 술

술은 익힌 곡물이나 과일 등을 발효시켜 만든 것으로 알코올이 함유되어 있어 마시면 취하게 되는 음료의 총칭이며, 세계 여러 사람들이 즐기는 기호음료이다. 각 민족의 특성을 가장 잘 드러나는 지표가 바로 음식문화이며, 그 중에서도 술은 나라마다 그 민족 고유의 멋과 맛을 지니며 특색 있는 전통주 문화로 정착 발전된 발효식품이다. 따라서 술의 원료는 그 나라의 주식과 대략 일치한다. 일례로 에스키모인들의 경우 술로 만들 수 없는 어패류나 해수(海獸)를 주식으로 하기 때문에 옛날엔 술이 없었다고 한다.

술의 기원은 인류의 역사와 함께 한다고 생각할 수 있다. 깊은 산이나 숲 속의 과일나무에서 떨어진 과실이나 꿀이 자연 발효과정을 거쳐 술이 된 것으로 추정하여 원숭이가 빚은 술이 최초일 것으로 전해지고 있다. 실제 과실이나 벌꿀과 같은 당분을 함유하는 액체는 공기 중에서 효모가 들어가 자연적으로 발효하여 알코올을 함유하는 액체가 되므로 술의 역사는 상당히 깊다. 인류 발달사의 측면에서 보면 처음의 술은 수렵 시대의 과실주가 먼저이며, 이후 유목 시대에는 가축의 젖으로 만든 젖술(乳酒), 농경 시대에는 누룩의 이용과 함께 곡류를 원료로 한 곡주가 빚어지기 시작하였다.

우리나라의 술빚기는 삼국 시대 이전으로 보고 있다. 부족국가 시대인 예, 부여, 진한, 마한을 비롯하여 고구려 등에서 무천, 영고, 동맹 등의 의식에서 '음식가무(飮食歌舞)' 하였다는 기록이 있으며, 《삼국지》 〈위지〉 동이전에 고구려 사람들은 "자희선장양(自喜善藏釀)"의 기록, 고구려 건국 초기(AD 28년)에는 지주(旨酒)를 빚어 한나라의 요동태수를 물리친 사실 및 일본의 《고사기(古事記)》에는 응신천황(應神天皇)(270~312) 때 백제사람 인번(仁番, 수수보리)이 누룩으로 빚은 술을 전수하여 주신(主神)으로 모신다는 기록으로 보아 이미 삼국시대에는 술의 제조기술이 상당하였음을 짐작할 수 있다. 고려 시대에는 전통주의 양조기술과 종류가 더욱 발달되었다. 고려시대 궁중의 양온서(良醞署)에서는 국가의 의식용 술을 빚었으며, 《고려도경》, 《동국이상국집》에 의하면 농후주, 청주, 약주 등이 선보이고, 특히 원나라의 영향으로 증류기법을 이용한 새로운 술인 소주가 등장하여 안동소주, 개성소주의 유래가 되었다. 조선 시대는 양조기술 면에서 고급화 추세를 보여 주었다. 양조 원료도 멥쌀

위주에서 찹쌀로의 전환이 두드러졌고 양조기법도 단양법(單釀法)에서 중양법(重釀法)으로 이어져 품질의 고급화 및 다양화가 실현되고, 또 각 지역의 특성을 살린 향토 민속주가 전성기를 이룬다. 그러다가 일제하의 조선총독부에 의한 '조세령' 공포(1907년)는 민속주와 가양주의 전래의 맥이 끊어지는 계기가 되고, 양조장에서만 제조하는 술은 막걸리, 약주, 소주로 획일화되는 결과를 초래하게 되었다. 해방 이후 근대에는 쌀 등 식량 부족의 상황에서 술의 원료가 비곡주로 이루어져 술의 품질 저하와 함께 우리 고유의 전통주는 점차 잊혀졌다. 쌀, 찹쌀의 곡주가 다시 등장한 시기는 1985년 전통 민속주를 무형문화재로 선정하면서부터이며, 1990년대에 쌀 막걸리가 활발히 제조되면서 우리 고유의 민속주 및 술 문화가 다시 활성화되기 시작하였다.

술은 제법에 따라 발효주(양조주), 증류주, 혼성주 등으로 분류한다. 발효주는 단발효식(單醱酵式)과 복발효식(複醱酵式)이 있으며, 단발효식은 처음부터 당분을 포함한 과즙을 발효시켜 음료용으로 하는 포도주 등의 과실주가 있다. 복발효식은 곡류를 원료로 하여 누룩을 이용하여 당화(糖化)시켜 발효시킨 막걸리, 청주 등과 보리와 홉(hop)을 발효시켜 만든 맥주 등이 있다. 증류주는 발효된 술 또는 액즙을 증류하여 얻는 술이며, 소주, 위스키, 브랜디, 럼, 보드카, 진 등이 있다. 혼성주는 알코올에 향기·맛·빛깔에 관계있는 약제를 혼합하여 만들거나 주류끼리 혼합하여 만든 것으로 합성청주, 감미과실주, 리큐어 등이 있다.

5. 식 초

식초는 우리나라뿐만 아니라 세계적으로 역사가 깊은 발효식품이다. 용도는 조미료로서의 역할 외에 약재로도 사용되며, 또 방부제로서 식품의 저장 및 장기 보존에 널리 이용되는 신맛을 지닌 조미 발효식품이다. 서양의 식초는 대부분 과실초이며 이미 기원전부터 이용된 것으로 추정된다.

인위적이 아닌 자연 발생적으로 얻어지는 식초의 기원은 과실주와 밀접한 관계가 있다. 초기 식초는 땅에 떨어진 과실의 열매가 야생효모에 의한 발효에 의해 과실주가 만들어지고, 이것이 초산균의 영향으로 다시 발효되면서 식초가 된 것으로 생각할 수 있다.

　우리의 초(醋)는 주로 곡물초이다. 술에 의해 제조되는 초의 특성상 우리나라의 곡물초의 기원은 곡주(穀酒)의 발효원인 누룩이 만들어져 술빚기가 이루어진 삼국 시대 이전으로 추정할 수 있다. 고려 후반기의《향약구급방》에서 식초가 부스럼이나 중풍의 치료에 이용된 모습이 보이고, 조선 시대의 문헌인《음식디미방》(1670년경)에 쌀초, 밀초, 매실초 등 초 만드는 법을 위시하여《증보산림경제》(1766년경),《규합총서》(1815년경) 등에 곡초를 비롯한 과실초, 채소로 만든 초 등 다양한 초 제조법이 수록되어 있어 초의 발달과 쓰임새를 짐작할 수 있다.

4장

다른 나라의 발효식품

발효식품은 인류 문명이 발달하기 이전부터 자연 발효되어 이용하게 되었다. 나라마다 그 지역에서 생산되는 재료를 이용한 식품이 옛날부터 개발되고 식용되어 왔으며, 그 지방이나 그 나라의 대표적 전통식품으로 자리를 지켜왔다. 세계의 식문화는 크게 농경문화권과 목축문화권으로 구분하여 생각할 수 있는데, 농경문화권에서는 주요 작물의 재배에 따라 쌀문화권, 잡곡문화권, 밀문화권, 근채류문화권 등으로 식문화권의 분류가 가능하며, 이는 기후·토양·강수량 등의 자연환경의 영향으로 형성된다.

발효식품은 어느 식문화권에 속하는가에 따라 독특한 특색을 지니며 발달하였다. 육식 섭취가 활발하지 못하고 곡물 중심의 농경문화권에서는 자연 발생적으로 콩 발효식품과 곡물을 이용한 누룩으로 만든 술과 식초가 발달하고, 목축문화권에서는 착유문화가 발달하여 치즈, 요거트 등의 유 발효식품과 술도 곡주가 아닌 과일주, 식초도 과일을 이용하여 만드는 과실초가 주를 이룬다. 세계 각 지역에서 섭취되고 있는 발효식품은 유 발효식품, 채소 발효식품, 곡물 발효식품, 콩류, 주류 등 많은 것들이 있다. 또한, 미생물 발효에 의해 생긴 식품으로는 알코올 음료(alcoholic baverage)인 주류(酒類)와 토속 발효식품(indigenous fermented food)이 있다.

1. 일본

1) 낫또(納豆, natto)

일본 북부 지역에서 만들기 시작하여 남부지역으로 이동한 낫또류는 하마낫또, 시오까라낫또, 이또비끼낫또가 있다. 달걀, 간장, 겨자 등과 함께 먹는데, 주로 아침이나 저녁에 쌀밥과 함께 나온다. 낫또는 삶은 콩을 발효시켜 만든 일본 전통음식으로 한국의 생(生) 청국장과 비슷하다. 우리
의 청국장은 *Bacillus subtilis*균을 주로 이용하며, 일본의 낫또는 *Bacillus natto*를 순수하게 배양한 것을 이용한다.

하마낫또(浜納豆)

일본의 하마마쓰지방에서 증자대두에 *Aspergillus oryzae*를 발효시킨 곰팡이 콩 발효식품이다. 콩을 삶아 밀가루를 묻혀서 발효시킨 부식류로서 밥반찬으로 식용하거나 고기, 해산물 및 채소를 조리할 때에 양념용으로 사용한다.

시오까라낫또(塩辛納豆)

곰팡이로 발효시킨 콩을 소금에 버무려서 몇 달 동안 숙성시킨 것으로, 말려서 술안주나 구운 음식으로 이용한다. 누룩곰팡이라고 하는 곰팡이류가 작용하여 신맛이 강한 특징이 있는 콩 발효식품이다.

이또비끼낫또(引納豆)

약 1,000년 전에 일본 북부지방에서 시작되어, 보통 '낫또' 라고 하면 일반적으로는 청국장에 해당하는 이또비끼낫또를 뜻하고 있다. 낫또균이라는 세균이 작용하여 끈적거리는 실이 많이 생기는 콩 발효식품이다.

2) 미소(味噌, miso)

미소는 달짝지근한 맛의 일본식 된장으로 한국의 전통된장은 콩과 *Bacillus subtilis* 균에 의하여 만들어지나 미소된장은 콩과 코지(쌀, 밀, 보리)의 혼합물에 코지곰팡이 인 *Aspergillus oryzae*에 의존하여 만들어진다.

3) 나레스시(なれすし, narezughi)

나레스시는 소금을 뿌린 어육을 쌀밥에 버무려 자연 발효시킨 것을 말한다. 가장 오래된 스시는 후나스시(붕어초밥)로 붕어를 5월 초순경에 잡아서 모양이 변하지 않게 입으로 내장을 꺼내고 잘 씻어서 소금으로 절인 다음 눌림돌로 눌러 1개월 정도 두었다가 밥과 함께 먹는다.

우메보시

4) 쓰게모노(漬物, japanease pickle)

쓰게모노는 채소를 소금, 간장, 된장, 식초, 술지게미 등에 절여 장기간 숙성하고 다양한 조미방법을 이용하여 먹는 절임식품의 총칭으로 우메보시(うめぼし, 매실장아찌), 다꾸앙(たくめん, 단무지) 등이 있다.

5) 시오카라(塩辛, shiokara)

일본식 젓갈로 주로 오징어젓갈을 말한다. 한국과 달리 고춧가루는 넣지 않고 유자 껍데기를 잘게 썰어서 오징어 썬 것과 함께 버무리고 오징어 창자를 짓이겨 같이 넣기도 한다.

2. 중국(동남부지역)

1) 두시(豆豉)

두시는 대두를 사용하여 발효시킨 것으로 삶은 콩을 띄울 때 소금의 첨가여부에 따라서 함두시(鹹豆豉)와 담두시(淡豆豉)로 구별되며, 함두시는 된장이나 간장에 해당되고, 담두시는 청국장과 유사한 방식으로 만들어진다.

2) 쑤푸(酥腐)

쑤푸는 중국이나 대만에서 오래 전부터 제조되어 온 일종의 콩 발효식품이다. 먼저 콩으로 두부를 만들고 그 표면에 곰팡이를 번식시킨 후 이것을 술이나 된장 또는 간장 덧에 담가서 숙성시킨다. 숙성이 진행됨에 따라 두부의 조직이 부드럽게 되어 치즈와 같은 감촉이 있고 풍미도 치즈와 비슷하다. 서양에서는 Soybean cheese, Vegetable cheese 또는 중국 치즈라 부르기도 하며, 중국 내에서도 초-우떠우푸, 쑤푸, 푸루 등의 여러 가지 이름으로 부른다.

3) 안카(anka)

안카는 쌀에 홍국곰팡이(*monascus anka*)를 번식시켜 만든 홍국(紅麴)으로 적색 색소를 생산하며, 적색 색소는 여러 가지 식품, 즉 쑤푸, 적포도주, 어묵, 어간장 등에 천연 색소로 이용되고 있다.

3. 인도네시아

1) 템페(Tempeh)

인도네시아를 대표하는 콩 발효식품인데 템페는 옛날에는 자바 사람들이 먹었다고 한다. 만드는 과정은 먼저 콩을 물에 불려 밟아서 껍질을 벗겨 익힌다. 껍질을 벗겨야만 템페의 발효균인 라이조프스 곰팡이(*Rhizopus oligosporus*)가 잘 자라기 때문

템 페

이다. 껍질 벗긴 콩을 1일 2회 이상 물을 갈아주면서 2~3일간 불린다. 불린 콩을 1시간 정도 무르게 삶은 후 식혀 템페의 종균에 해당하는 라기 템페(Ragi tempeh) 분말을 접종하고 바나나잎으로 싼다. 여러 층으로 포갠 다음 30℃ 정도에서 2일간 발효시킨다. 발효된 템페는 우리나라의 콩떡에 비유할 수 있을 만큼 콩 사이사이에 백색 곰팡이가 꽉 들어차서 단단한 상태가 된다. 템페는 그대로 먹지는 않고 간장을 발라서 굽거나 얇게 썰어서 기름에 튀기거나 스프에 넣어서 먹는다. 청국장류는 세균에 의해서 끈적끈적하게 만들어진 반면, 템페는 곰팡이에 의해서 단단하게 만들어진 점이 다르다.

2) 온쫌(Ontzom)

인도네시아에서 유명한 발효식품인 템페 못지 않게 인도네시아 고유의 발효식품이다. 온쫌은 땅콩이나 땅콩에서 기름을 짜고 남은 박(粕)을 뉴로스포라 시토필라(*Neurospora sitopila*)로 발효시킨 식품이다. 온쫌의 생산량은 템페에 비해서는 적은 편이나 역사적으로는 템페와 마찬가지로 오래되었고, 현재에도 각 가정에서 만들어 먹는다. 온쫌의 원료는 땅콩박에 한다고 하나 실제로는 삶은 콩에 뉴로스포라를 배양한 것도 온쫌이라 부르고 있으므로 원료의 구별은 확실하지 않다.

4. 그 외 아시아 국가들

1) 태 국

토-아나오(tuanao)

태국 북부 산악지대에서 만든 것으로, 삶은 콩을 대바구니에 넣고 바나나 또는 산마의 잎으로 싸서 실온에서 3~4일 동안 띄운 후 소금과 향신료를 넣고 찧은 다음, 찧은 것을 다시 바나나 잎으로 싸서 시루에 찌면 양갱과 같은 페이스트 모양의 토-아나오가 된다. 또 다른 방법으로 찧은 것을 납작하게 만들어 햇볕에 말리면 칩 모양의 토-아나오가 되는데 이것은 몇 달씩 보존이 가능하다. 토-아나오의 원뜻은 '썩은 콩'을 의미하고 대단히 심한 냄새를 풍기고 있다. 토-아나오는 북부 산악 지대 소수민족들의 고유 식품이다.

2) 부 탄

리비 잇빠(libi-iba)

삶은 콩을 대광주리에 담고 천으로 덮어 습기 찬 방에서 실온으로 띄운다. 냄새가 나면 절구로 찧어서 단지에 넣고 다시 따뜻한 곳에서 숙성시킨다. 숙성시간은 1~3년이 걸리고 기간이 길수록 좋은 제품이 된다.

소금도 넣지 않는 상태에서 오랫동안 두기 때문에 냄새가 대단하여 싫어하는 소수민족들이 있으므로 극히 일부지방에서만 만든다. 리비 잇빠의 뜻은 '콩이 썩는다'이고, 조미료로 쓰이고 있다.

3) 네 팔

키네마(kinema)

네팔의 동부 산악지대에 사는 기라토족들이 즐겨 먹는 키네마는 청국장의 일종으로 볼 수 있는데 주로 겨울에 만들어 먹는다. 콩을 하룻밤 물에 불린 후 삶아 두들겨서 으깬 다음 소량의 재를 넣고 손으로 잘 섞은 후 대바구니에 담아 바나나 잎으로 덮어 실온에서 하룻밤 띄우고 햇볕에 말리면 키네마가 완성된다. 키네마는 기름과 스파이

난과 커리

스, 소금 및 채소와 함께 끓여서 이틀에 한 번 정도로 자주 먹는다. 우리나라의 청국장찌개와 비슷하지만 키네마는 청국장보다 더 강한 냄새가 난다.

4) 인 도

이들리(idli)

쌀가루를 이용해 만든 찐빵이다.

도사(dosa)

남인도의 스낵으로, 하루 정도 발효시킨 쌀가루를 반죽하여 기름에 두른 철판에 얇게 구운 것이다.

랏시(lassi)

걸쭉한 인도식 요거트이다.

난(nan)

정제한 하얀 밀가루를 발효시켜 구운 빵이다.

스자체(sujache)

주로 앗사무 지방에서 만들어 먹는 것으로 냄새가 심하며, 바나나 잎으로 안쪽을 두른 대바구니에 삶은 콩을 넣고 띄운 후 절구에서 대강 찧고 둥글게 뭉쳐서 바나나 잎으로 싼 다음 선반에 올려 놓고 건조시킨다. 스자체는 건조되어 있기 때문에 반 년 이상 보존이 된다.

아차르(achar)

피클의 일종으로 고추, 라임, 망고 등의 채소나 과일을 소금에 절여 발효한 음식으로 시거나 매운맛이 난다.

5) 필리핀

푸토(puto)

찹쌀을 발효시켜 만든 찐빵이다.

타푸이(tapuy)

쌀 양조주로 최초의 독 밑에 모인 액체를 퍼내어 마시고, 다 마신 다음에는 대나무 산더미로 여과하여 마신다.

아차라(atchara)

과일의 산 발효식품으로 미숙과 파파야절임이다.

6) 베트남

너억맘(nuoc-mam, fish sauce)

신선한 정어리나 멸치 등 소형 생선을 몇 달 동안 소금에 삭혀서 만든 어간장으로 베트남의 거의 모든 요리에 들어간다.

7) 터 키

라키(laki)

아니스(향신료)향이 나는 터키의 토속주로, 물을 타면 우윳빛으로 변하기 때문에 '사자의 젖' 이라고도 불린다.

아이란(ayran)

양젖을 발효시켜 물과 소금을 섞어 만든 신맛이 강한 음료이다.

8) 티 벳

추라(chura)

낙타젖에서 만든 발효유에 소맥분을 섞어 건조한 고형의 유제품으로 차에 넣어 마신다.

챵(chang)

우리나라의 막걸리와 같은 전통 술로 곡류를 발효시켜서 만든다.

5. 오세아니아

1) 뉴질랜드

와인(wine)

품종이 좋은 포도주를 많이 생산하는데, 특히 화이트 와인인 샤르도네(chardonnay)
와 소비뇽 블랑(sauvignon blanc)은 국제적으로 명성이 높다.

치즈(cheese)

세계적인 낙농업 국가인 뉴질랜드의 우유를 발효시켜 만든 치즈와 요거트 등 유제품
이 다양하다.

2) 오스트레일리아

베지마이트(vegemite)

채소에서 추출한 것을 이스트 발효시켜 페이스트 모양으로 만들어 빵이나 비스킷에
발라 먹는 검은색의 잼 같은 음식으로 호주의 대중적인 빵 스프레드이다.

6. 유 럽

1) 덴마크

호밀빵(rye bread)

통 호밀 자체를 발효시켜 약간의 호밀가루와 섞어 구워 낸 것으로 덴마크인들의 주
식이다.

2) 프랑스

크루아상(croissant)

헝가리에서 유래한 것으로 겹겹이 층이 있는 초승달 모양의 패스트리이다. 밀가루, 이스트, 소금으로 반죽하고 사이사이에 지방층을 형성, 발효시켜 만든다.

치즈(cheese)

유럽 전역에서 널리 만들어져 애용되는 식재료로 프랑스의 치즈 종류는 400여 종 이상으로 각 지방마다 매우 다양하다. 대표적으로 카망베르 치즈와 브리 치즈가 유명하다.

포도주(wine)

프랑스의 포도주 산지는 크게 보르도(Bordeaux), 부르고뉴(Bourgogne), 론느(Rhone), 루와르(Loire), 알자스(Alsace), 상파뉴(Champagne) 등으로 볼 수 있는데, 지역에 따라서 맛, 향기, 색 등이 다르다.

3) 독일·폴란드 외

사우어크라우트(sauerkraut)

우리나라의 김치와 비슷한 형태로서 양배추를 신맛이 나게 발효시킨 김치이며, 피클과 더불어 서양의 대표적인 채소절임이다. 독일과 폴란드 등 근처 여러 나라에서 많이 만들어 먹는다. 제품의 빛깔이 황금색을 띠는 것이 좋은 것이며, 씹으면 아삭아삭한 질감이 있다. 그대로 먹는 경우는 적고, 육류를 가공할 때 또는 스튜나 샌드위치에 넣기도 하고, 소시지·햄 등과 함께 기름에 볶기도 한다. 잘 키운 양배추를 바람이 잘 통하는 곳에 얼마간 두어 수분이 줄어들어

소시지와 사우어크라우트

맥 주

시들게 하거나 살짝 소금에 절인 다음 2~ 3cm 너비로 썰고, 2% 정도의 소금을 뿌리면서 차곡차곡 통에 쟁여 넣고, 월계수(月桂樹, laurel), 회향, 통후추 등의 향료도 함께 넣어 발효시킨다. 발효 과정에서 양배추가 공기 중에 노출되거나 너무 짜면 효모나 부패균이 작용하여 흑갈색이나 분홍색으로 변하여 품질이 저하되므로 절일 때 양배추가 뜨지 않도록 돌로 잘 눌러 주어야 한다. 또 너무 저온에서 발효 숙성시키면 쉽게 물러지므로 주의해야 한다. 주로 기름기 많은 고기요리와 함께 먹는다.

맥주(beer)

독일의 대표적인 술로 보리와 호프, 물만 사용하여 제조한다.

4) 이탈리아

살라미(salammi)

마늘 양념을 하여 발효, 건조시킨 이탈리아의 소세지이다.

치아바따(chiabatta)

이스트를 넣고 반죽하여 올리브 오일을 발라 발효시킨 후 얇고 넓게 성형해 구워 내는 빵이다.

발사믹 식초(balsamic vineger)

중세부터 만들기 시작한 이탈리아 전통식초이다. '향기가 좋다'는 이름 그대로 향이 좋고 깊은 맛을 지니며, 5년 이상 숙성시킨 최고급 포도식초이다.

5) 네덜란드

고다 치즈(gouda cheese)

수분 함량이 적은 하드 치즈로 담황색 또는 버터 빛깔을 띠며, 부드러운 맛이 특징
이다.

6) 스위스

에멘탈 치즈(emmentaler cheese)

에멘탈 지방에서 유래되었으며 스위스의 대표적인 치즈로, 흔히 스위스 치즈라고 불
린다.

7) 영 국

체다 치즈(cheddar cheese)

서머싯주 남서부 체더 마을의 이름을 따서 만든 수분 함량이 적은 천연치즈로 크림
색의 온화한 산미가 있고 독특한 단맛과 향을 낸다.

우스터소스(worcester sauce)

1850년대에 우스터 시(市)에서 판매되었기 때문에 붙여진 이름이라고 한다. 육류·
생선요리에 사용하는 소스로 채소·향신료 등을 삶은 국물에 감미료, 식초, 소금 등
으로 맛을 낸 식탁용 조미료이다.

8) 불가리아

요거트(yogurt)

소나 산양의 젖을 초벌구이 항아리에서 저온 발효시켜 만든 것이 특징으로 코카스
지방에서 오래 전부터 제조하고 있는 발효유이다.

버터 밀크(butter milk)

버터 제조 시에 나오는 부산물로서 지방 함량은 약 0.5%로 레시틴을 많이 함유하고

있으며, 신맛이 나는 음료이다.

9) 그리스

우조(oujo)

포도주의 포도껍질을 다시 압축해 향료를 첨가하는 소주와 같은 전통적인 술로 진한 향기가 난다.

페타 치즈(feta cheese)

그리스의 대표적인 치즈로 조직에 작은 구멍이 있다.

트라하나스(trahanas)

밀가루를 발효시키거나 양젖을 발효시켜 끓여 비스킷 모양으로 건조, 저장시켜 저장 성을 높인 것으로 뜨거운 물이나 육즙을 넣어 수프의 형태로 먹는다.

10) 러시아

케피어(keffir)

카프카스의 산악지대에서 응용되는 발포성 발효유이다.

쿠미스(koumiss)

말젖으로 만든 발효유로 케피어와 비슷하나 알코올 성분이 많다.

11) 스페인

하몽(Jamon)

전통적으로 공기가 맑고 수분이 적절하며 바람이 찬 스페인 산악지방에서 생산되는 대표적인 저장육류제품으로 돼지 뒷다리를 소금에 절여 6개월가량 발효시켜 만든 훈제하지 않은 생햄이다.

7. 아메리카

1) 미국

맥주(beer)

유럽 등지에서 제조되었으나 현재 미국에서 가장 대중적으로 자리 잡았으며, 버드와 이저, Stroh's, Michelob, Red Dog 등이 있다.

브릭(brick)

젖산균으로 숙성시킨 벽돌 모양의 독창적인 방법으로 만들어낸 자극적인 맛이 나는 최초의 미국 치즈이다.

핫 소스(hot sauce)

멕시코 타바스코 지방의 고추를 참나무통에 보관하여 소금과 식초를 넣고 3년 이상 발효시켜 만든다. 톡 쏘는 향과 매운맛이 나며, 멕시코의 타바스코 소스가 대표적이다.

캘리포니아 와인(wine)

캘리포니아의 긴 시간 지속되는 낮의 강한 햇살과 고온건조한 날씨와 저녁의 차가운 온도가 균일하게 포도를 숙성하게 하는 최적의 조건을 제공하여 독특한 맛을 지닌 와인이다.

2) 멕시코

뿔게(pulque)

선인장으로 만든 우리나라 막걸리 같은 술로 막걸리와 같은 색을 띠며 맛도 비슷하고 단맛이 난다.

떼스끼노(tesguino)

발아한 옥수수 알갱이와 물을 혼합하여 끓인 뒤 효소를 첨가하여 알코올 발효시켜 만든 음료이다.

포졸(pozol)
옥수수가루를 반죽하여 둥글게 빚어서 8일 동안 발효시킨 후 바나나 잎으로 싼 것이다.

3) 페 루

치차(chicha)
막걸리와 비슷하나 알코올 도수가 낮은 옥수수 발효주이다.

4) 칠 레

와인(wine)
남위 30도의 코퀸보(Coquimbo)로부터 남위 40도인 테뮈코(Temuco)까지의 포도원에서 주로 생산한다. 백포도주와 적포도주 등 포도주 품종이 매우 다양하다.

8. 아프리카

1) 서아프리카

서아프리카 일대의 사반나에는 로커스트 빈을 발효시킨 '다와다와' 또는 '이루' 라불리는 전통 발효식품이 있다. 지금은 로커스트 빈이 모자란 상태이기 때문에 콩이대체원료로 이용되고 있다. 다와다와는 띄운 후에 단자 모양으로 뭉친 것을 손으로눌러서 납작하게 만들고 햇볕에 건조시킨 보존성이 있는 식품이다. 로커스트 빈이원래 검은색이기 때문에 제품도 검은빛을 띠고 있고, 냄새는 강한 편이다. 다와다와는 '다로감자' 등을 주식으로 할 때 소스나 스튜의 베이스로서 필수적인 조미료이며, 채소를 넣어 수프 모양으로 해서 먹고 있다. 다와다와의 발효균은 우리나라의 청국장균과 매우 비슷한데, 낙산취의 강한 냄새가 현지인들에게는 아주 친밀하다고 한다.

2) 케 냐

짱아(changa)

케냐의 캄바족의 술로 옥수수를 발효시킨 후 증류해서 만들며 맛은 중국의 고량주와
비슷하다.

우지(uji)

동부 아프리카 옥수수가루를 젖산발효시켜 만든 크림 수프의 형태로, 호리병박 등으
로 마시며 아카무(akamu)라고 불리기도 한다.

우르가와(urwaga)

바나나, 사탕수수, 수수 또는 옥수수를 이용해 만든 신맛의 알콜성 음료로, 갈색을
띠며 죽과 같은 모습이다.

부사(bussa)

서부 케냐의 루오, 마라고리, 아부루히야족들의 전통 발효식품이다.

3) 에티오피아

인제라(enjera)

에디오피아의 전통 빵으로 팬 케이크처럼 길게 생겼다. 테프(teff)라는 곡식을 반죽한
후 3일 정도 발효시켜 만든 식품이다.

테이(tej)

왕족이나 귀족들이 마시던 벌꿀로 만든 귀한 음료로 파티나 향연 때에만 만들었던
특별한 알코올 음료이다.

4) 이집트

에이시(aysh)

주식으로 먹는 빵으로 가장 보편적인 것은 정제된 밀가루(aysh shami) 혹은 통밀(aysh baladi, whole wheat)로 만든 피타(pita) 형태로, 속에 여러 가지 재료를 넣으면 이집트 샌드위치가 된다.

키시크(kishk)

밀과 우유를 섞어 젖산 발효 후에 지름 5~6cm의 동그란 모양으로 빚어 건조시킨 것으로 농업 지역에서 대중적인 음식이며, 시리아, 요르단, 이라크, 북아프리카 등지에서도 먹고, 그리스, 터키에서도 유사한 음식을 만들어 먹는다. 딱딱하며 갈색을 띤다.

5) 수 단

키스라(kisra)

당밀가루를 발효시켜 만든 빵으로 고기, 채소슈트와 함께 먹는다.

6) 가 나

켄키(kenkey)

옥수수가루를 반죽하여 발효시켜 소금 등을 첨가해 둥글게 빚거나 원통형으로 만들어 옥수수껍질로 싸서 보관하며, 고기나 생선스튜 등과 함께 먹는 곡물 발효식품이다.

7) 나이지리아

오기(ogi)

옥수수, 당밀, 밀로 만드는 젤리같은 부드러운 질감과 신맛을 가진 곡물 발효식품이다.

라푼(lafun)

카사바 덩이줄기를 발효시켜 조제한 미세한 분말 생산물로 물을 넣어 끓여서 죽의
형태로 먹는다.

5장 발효의 의미와 발효과정 중 변화

1. 발효와 부패의 의미

미생물이 관련되어 식품 품질의 변화를 일으키는 경우는 주변에 흔하다. 미생물은 눈에 보이지 않는 작은 생물이나 종족 번식을 위해 어떠한 상황에서도 살아간다. 산소가 있거나 없는 상황에서도 증식하며, 빛이나 영양성분, 물의 유무, pH의 조건하에서도 증식한다. 다양한 미생물은 다양한 조건에서 제각각의 모습으로 증식한다. 결국 우리가 살고 있는 환경에서 미생물이 없는 곳은 거의 없다. 자연계에 존재하는 수많은 미생물은 대부분 인간에게 무해하나, 일부는 식중독을 유발하기도 한다. 식품 원료나 그 제품에도 여러 미생물이 존재하고 있으므로 그대로 방치하면 미생물들이 증식하게 되고, 증식과정 중 미생물의 대사산물로 인해 색, 냄새, 외관, 질감이 변화한다. 수많은 미생물 중 일부는 부패를 일으키며, 일부는 발효를 일으키기도 한다. 이와 같은 변화 중 어떤 것은 발효라 하여 그 해당 미생물이 더 증식하도록 주변의 조건을 조절하기도 하지만, 어떤 반응은 부패라 하여 위생적으로 문제가 되기도 한다. 이러한 발효와 부패 과정의 차이는 사람들이 느끼는 관능적인 느낌에 의존하는 경우가 많다.

여름철 수산시장에서 나는 냄새는 단백질이나 아미노산이 미생물의 증식으로 인해 분해된 황화수소나 암모니아, 인돌, 스카톨의 냄새이다. 단백질이 미생물에 의해 부패취가 나므로 단백질 식품이 관련되어 있으면 모두 부패라고 말하기에는 어려운 점이 있다. 치즈도 우유단백질에 미생물의 작용으로 만들어진 제품이나 치즈는 발효식품으로 알려져 있다. 이와 비슷한 예로 탄수화물을 미생물이 이용하면 젖산이 풍부한 요거트를 얻고 알코올 발효기질 물질로 사용되어 술을 제조할 수 있으나, 여름 장마철 방치한 밥이나 나물, 과일류 등에서도 부패현상은 볼 수 있다. 같은 원료에서도 발효와 부패는 구분하기 어려울 때가 있다. 콩의 경우 삶아서 짚 위에 두고 이불을 덮어 따뜻한 방에 두면 콩에 진이 나며 끈끈한 점질로 둘러싸인 청국장이 된다. 이는 짚에 사는 야생 고초균(*Bacillus subtilis*)의 증식에 의한 것이다. 그러나 콩을 삶아 그냥 방치하면 끈끈한 점질물질이 생기거나 불쾌한 암모니아 냄새가 나므로 이 과정은 부패이다.

같은 미생물의 작용에도 발효과정과 부패과정이 함께 올 수 있다. 예를 들어, 빵의 제빵용 이스트인 사카로마이스 세레비지에(*Saccharomyces cerevisiae*)는 밀가루 반죽이 부풀 수 있도록 이산화탄소를 생산하나 여름철 김밥에 증식하게 되면 부패를 일으킨다. 유산균은 요거트를 만드는 데 중요한 미생물이나 햄 등에서는 부패균이 되기도 한다. 결국 발효와 부패의 차이는 인간의 기호를 만족하느냐 하지 않느냐에 따라 편의적으로 사용되며, 인간에 유익하면 발효, 그렇지 않으면 부패라 한다. 이러한 미묘한 경계에서 발효라는 의미는 미생물에 의한 유기화합물의 분해과정 혹은 미생물이 대사하면서 만들어 내는 유용물질을 이용하는 것으로 요약할 수 있다.

표 5-1 **발효에 사용되는 미생물의 사용 예**

발효의 종류	발효의 결과물
미생물에 의한 당의 혐기적 대사로 대사산물이 축적되는 경우(발효의 본래 의미)	알코올 발효(양조)
젖산 발효(요거트) 미생물에 의한 당의 호기적 대사로 대사산물이 축적되는 경우	구연산 발효 글루탐산(glutamic acid) 발효
미생물이 당 이외의 유기물질을 이용하여 호기적 혹은 혐기적 대사로 대사산물이 축적되는 경우	초산 발효(식초)
미생물이 대사과정 중 효소를 생산하여 그 효소의 의한 작용	간장, 된장의 숙성
식품 자체 내의 효소로 인한 화학적 변화	홍차, 담뱃잎의 발효
외부에서 효소를 첨가하여 식품의 변화를 일으키는 경우	식혜, 치즈

자료 : 정동효(2004). 아시아 전통발효식품사전. 신광출판사, p.13

2. 발효과정 중 물질의 변화와 맛의 변화

자연계의 여러 가지 식품을 이용한 발효식품은 그 재료와 발효에 관여하는 미생물, 발효과정 및 발효 후 가공과정을 거쳐 특별하면서도 다양한 관능적 특징을 보이게 된다. 채소 발효식품은 전 세계에서 다양하게 개발하였고, 우리나라의 경우 대표적인 음식으로 김치가 있다.

1) 콩 발효

콩을 이용한 발효식품으로는 우리나라의 경우 간장과 된장이 대표적이다. 장을 만드는 처음 과정은 가을에 수확한 대두를 삶아 메주를 만드는 일이다. 볏짚에 매달아 둔 메주에 곰팡이와 효모가 번식하면 이 메주를 소금물에 담가 두는데, 이것을 1~2개월 정도 숙성시키면 간장과 된장을 만들 수 있다. 콩은 단백질 40%, 지방 20%, 섬유질·삼탄당과 같은 올리고당이 약 20% 정도 함유하고 있다. 약 28%의 소금물에 메주를 담가 숙성시키는 동안 메주의 곰팡이와 효모, 기타 알 수 없는 여러 미생물이 생성하는 다양한 효소로 당화과정, 알코올 발효, 산 발효, 단백질 분해과정 등이 일어나고, 맛과 향이 생겨 간장 고유의 감칠맛이 생기게 된다. 간장은 숙성될수록 색이 진해진다. 이것은 발효과정 중 생성된 당과 아미노산이 아미노-카보닐 반응을 일으키기 때문이다. 이 반응은 지속적으로 서서히 일어나며, 그 과정 중 여러 가지 향기 성분이 생기게 되므로 간장 고유의 냄새에 기여하게 된다. 건진 메주는 된장으로 사용하고 간장은 달여서 조미료로 사용한다. 개량식 간장은 재래식 간장에 비해 색이 진하고 단맛이 강한데, 이는 전분질 재료를 더 첨가하고 균주를 선택하여 접종하기 때문에 잡맛이 없고 단맛과 감칠맛이 강하다. 된장은 단백질의 분해산물인 아미노산과 저분자량의 펩티드를 함유하고 있는 상태로 짠맛을 덜 느끼게 하고, 생선류와 육류의 비린내와 누린내를 가려 주며, 신맛과 쓴맛, 떫은 맛을 약화시키는 완충작용을 한다. 콩에 세균만을 발육시켜 만든 청국장은 된장과는 달리 짜지 않으면서 냄새가 강하고 점액질의 특성이 있다. 청국장 제조는 바실러스 나토(*Bacillus natto*)균에 의한 발효과정으로 콩을 삶아 볏짚 위에 1~2일 정도 두면 만들 수 있다.

2) 채소 발효

김치의 제조과정을 보면 우선 배추를 소금에 절이는 과정부터 시작하게 되는데, 이는 염에 약한 균의 성장을 제어하고 식물조직의 연화나 변질을 방지해 준다. 이 소금으로 인해 부패성 세균의 성장은 억제되고 젖산을 생성하는 세균이 번성하게 된다. 특히 류코노스톡 메센트로이드(*Leuconostoc mesenteroides*)는 채소의 즙액에서 먼저 발효하기 시작하여 유기산과 탄산가스를 만들게 된다. 이러한 과정이 점차 진행되면서 pH는 점차 산성으로 기울게 되고 부패균의 성장을 억제하게 된다. 더욱이 류코노스톡 메센트로이드(*Leuconostoc mesenteroides*)가 생산해 내는 탄산가스는 산소를 몰아내어 혐기적 상태를 만들어 줌으로써 호기성 균의 발육이 억제된다. 이와 같은 혐기적 상태의 조건, pH가 낮은 상태, 발효과정에서 생성된 유기산, 소금이 공존하는 상태의 김치는 냄새, 맛, 질감이 원재료와 판이하게 다르다. 우선 첨가된 소금과 젓갈로 인한 짠맛(염도 2.5~6%)이 나며, 생성된 유기산은 신맛을 내고, 더욱이 배추의 섬유질을 더욱 질기게 만들어 김치에 있어 아삭아삭한 질감을 부여하며, 탄산가스가 생성되어 적당한 청량감 또한 느낄 수 있다. 특히 동치미와 같은 물김치는 숙성 후 탄산가스가 생성되어 깊은 청량감을 주게 되는데 이 국물을 냉면이나 막국수 등에 이용하기도 한다.

3) 생선 · 조개 발효

생선·조개류는 주성분이 단백질이며, 수분이 많아 부패가 금방 일어난다. 그러나 갓 잡은 생선에 소금을 20% 이상의 농도로 뿌려 두면 가수분해가 진행되어 액체상태, 혹은 흐물흐물한 상태의 젓갈을 얻을 수 있다. 생선·조개류의 발효과정은 채소의 경우보다 더 높은 염의 농도로 내염성 미생물만 살 수 있으며, 이들에 의해 혹은 생선의 내장에 있는 여러 가지 효소에 의해 자기소화과정과 발효과정이 동시에 진행된다. 이 과정에서 단백질이 분해되어 아미노산 펩티드가 생산되며, 첨가된 소금으로 감칠맛과 짠맛이 난다.

4) 곡물 발효

술

곡류의 주성분인 전분을 누룩의 곰팡이와 효모로서 알코올 발효시켜 술을 제조할 수 있다. 술의 원료인 곡류의 종류와 발효과정의 차이에 따라 여러 가지 술 종류가 있는데, 이러한 곡류를 이용한 술의 공통점은 전분을 곰팡이의 당화효소로 전분을 당화시키는 과정을 거치고, 이때 생성된 당을 이용하여 효모로 혐기적 상태에서 알코올 발효가 진행된다는 점이다. 이를 증류를 하게 되면 알코올의 농도가 높은 술을 얻을 수 있으며, 증류과정에 한약재, 꽃, 과일 등의 재료를 첨가하면 향이 나는 다양한 술을 만들 수 있다. 이때 알코올 발효에 관여하는 효모는 혐기적 상태에서 알코올을 만들 수 있기 때문에 술의 제조과정은 효모를 이용한 또 다른 발효식품 빵과는 달리 알코올을 다량 만들 수 있다. 알코올의 농도가 높은 상태에서 산소가 들어가게 되면 초산균의 발현으로 식초가 만들어진다. 알코올은 초산균의 중요한 기질 물질이므로 알코올이 있으면 어렵지 않게 식초를 만들 수 있다. 유명한 와인너리에 보면 와인식초를 생산하는 곳이 많다.

빵과 증편

곡류나 전분질 원료를 이용하여 세균 또는 곰팡이를 이용한 발효식품은 우리나라뿐 아니라 여러 나라에서 이용되고 있다. 밀을 이용한 발효식품으로 발효빵이 있으며, 우리나라의 경우 쌀을 이용한 증편이 있다. 밀가루에 반죽을 하여 효모를 넣고 발효를 시킨 빵은 발효과정 중 생성된 탄산가스로 인해 부피가 2배 이상 부풀어 푹신한 질감을 부여하며, 효모의 발효과정 중 생성된 산과 휘발성 물질은 구운 후 빵 고유의 향기, 맛, 질감을 부여하게 된다. 발효의 과정을 거쳐 영양가가 향상되는 것은 아니나 푹신한 질감이나 향, 맛 등 사람들이 좋아하는 관능적 특성을 보인다. 이와 유사한 증편은 재료가 글루텐 단백질이 없는 쌀가루이기 때문에 크게 부풀지는 않는다.

  그러나 막걸리를 넣어서 발효시키는 증편은 발효과정 중 다양한 향과 맛 성분이 생성된다. 젖산 발효로 인한 신맛과 첨가된 설탕으로 인한 단맛이 나며, 빵의 푹신한 질감과는 차별되는 촉촉하고 쫄깃한 질감을 가지게 된다. 이러한 증편의 관능적 특성은 막걸리에 함유되어 있는 효모로 인해 이산화탄소와 젖산이 생성되어 있는 상태로 특유의 스폰지의 해면 상의 구조를 가지며, 향기가 있고 신맛과 단맛이 잘 어우러져 있다. 우리나라에서는 여름철에 해 먹는 발효 떡이며 시절식으로 그 전통의 맥을 잇고 있다.

5) 유 발효

포유동물의 젖인 우유는 기름과 물이 분산되어 있는 에멀전으로서 지방구의 표면에 인지방질과 단백질이 흡착되어서 안정성을 유지한다. 우유는 물이라는 매체에 4%의 지방, 단백질 4~5%, 유당 4~5%가 골고루 섞여 있는 콜로이드 상태로, 자연 상태로 두면 부패든 발효든 용이하게 일어날 수 있는 식품이다. 젖산균을 이용하여 우유를 응고시킨 반고체상태의 요거트는 젖산균에 의한 독특한 신맛과 향기성분을 나타낸다. 우유에 젖산균을 접종하여 35~40℃에 두면 젖산균에 의해 유당이 젖산을 생산하면서 pH가 저하되고, 부패균의 성장이 억제되므로 부패과정보다는 발효과정으로 진행된다. 그러나 치즈는 젖산발효와 다르다. 응유효소를 이용하여 우유의 단백질을 응고시킨 다음 여기에 여러 가지 세균을 접종하고 발효시간을 달리하는 과정으로 다양한 치즈를 얻을 수 있다. 우유의 단백질을 숙성시키므로 단백질이 숙성되는 과정에서 단백질에 함유된 황에 의해 특유의 냄새와 맛을 가지게 되며, 접종한 균의 종류에 따라서도 외관, 냄새, 질감의 차이를 보인다.

6) 과일 발효

과일은 당의 함량이 높기 때문에 효모를 이용하여 알코올 발효를 진행하는 것이 용이하다. 효모는 당분을 이용하여 알코올과 탄산가스를 만든다. 그러나 혐기적 상태에서는 탄산가스보다는 알코올을 생산하므로 술을 만드는 것이 가능하다. 그 대표적인 것이 와인이다. 당도가 높은 포도를 으깨서 오크통에 넣고 발효를 시키면 와인을 만들 수 있다. 효모는 포도의 당을 알코올로 발효시키므로 당 함량이 높은 포도를 사용해야만 알코올을 얻을 수 있다. 그러나 당의 함량이 낮은 과일은 알코올을 만드는 데 한계가 있다. 우리나라 가정에서 과일주를 담그는 방식은 과일에 설탕을 섞어 소주에 담가 두는데, 이는 진정한 의미의 발효과정이라고 말하기는 어렵고 소주의 알코올로 과일의 향과 맛을 우려내는 수준이라고 말할 수 있다.

7) 식초 발효

식초는 초산균을 이용하여 알코올을 발효시킨 것이다. 식초는 사용된 재료에 따라 다양한데, 현미식초, 과일종류별 식초, 와인식초 등이 시중에 판매되고 있다. 이러한 식초는 3~5%의 초산을 함유하고 있으며, 만드는 원료에 따라 유기산, 당, 아미노산, 에스테르, 알코올 등이 함유되어 있어 맛과 방향이 다르다. 이러한 식초는 시원하고 상쾌하면서 산뜻한 신맛을 주는 산 조미료로 중요하다.

6장 발효식품의 기초로서 미생물의 역할

미생물(微生物)은 식품을 이용하여 음식을 만들거나 가공하는 데 이용된다. 미생물의 발육은 아주 건조한 곡류와 같은 예외적인 것도 있으나, 오염될 수 있을 만큼의 충분한 수분을 필요로 한다.

오염된 미생물은 흔히 식품을 부패시켜 맛을 떨어뜨리게 하거나 식품에 유독성분을 남겨 그 식품을 먹을 수 없게 만들지만, 발효에 의한 미생물로 이용되어 식품을 맛있게 하기도 한다.

단백질을 함유한 식품이 미생물의 작용으로 분해되어 악취나 유해물질을 생성하는 현상을 '부패(dacay)'라 하며, 탄수화물이나 지방이 미생물의 작용으로 분해되어 유해물질이 비교적 적게 생성되는 현상을 '변패(deterioration)'라 한다.

식품에는 단백질, 지방 및 탄수화물 중 한 종류만 함유되는 경우는 거의 없으며, 이에 관여하는 미생물은 다양하기 때문에 변질의 형태는 복잡하다. 넓은 의미의 부패는 미생물의 증식으로 식품성분이 분해되어 유해한 물질이 만들어짐으로써 가식성을 잃는 과정이라 할 수 있다. 반대로 동일한 미생물의 작용이라 할지라도 사람에게 유익한 생산물로 변화한 현상을 '발효(fermentation)'라 한다. 가령, 맥아즙에 효모가 주정을 생산하여 술이 되고 여기에 초산균(acetic acid bacteria)이 작용하면 초산이 되는데, 양조자의 입장에서 보면 부패가 되고 식초 제조자의 입장에서는 발효가 된다.

영어의 '발효'란 말은 라틴어의 'ferverve(끓는다)'라는 말에서 유래된 것으로, 효모의 알코올 발효 시에 발생하는 탄산가스에 의해서 거품이 일게 되는 현상을 나타낸 것으로 여겨진다.

발효는 발효 원료에 따라 곡류, 두류, 과실, 채소, 생선, 조개, 우유 등으로 분류할 수 있으며, 발효 방식에 따라 알코올 발효, 산 발효 등으로 분리할 수 있다. 또한 우리의 전통 발효식품에 따라 장류, 김치, 젓갈, 식초, 주류 등의 관련 미생물로 나눌 수 있다.

그 밖에 관여 미생물에 따라 곰팡이, 효모, 세균 혼합미생물 등으로 분류한다.

1. 발효 관련 미생물의 특성

발효가 진행되는 동안 어떤 작용으로 무슨 변화가 일어나서 우리가 먹기 알맞게 되는 것인지, 옛날 사람들은 이유도 모르면서 발효가 진행되면 먹기 좋고 오래도록 상하지 않는 식품이 된다고 경험을 통해서 알게 되었고 만들어 왔다.

동물이나 식물, 미생물 등 모든 생물체는 각각 생명을 유지하고 활동을 하는데 외부로부터 영양을 섭취하여 자기 몸을 구성하는 물질을 만들고, 활동하는 데 필요한 에너지를 영양성분들로부터 얻는다. 이러한 영양성분을 분해하고, 분해된 물질로부터 새로운 물질을 만들어내는 반응이 아주 쉽게 일어날 수 있도록 도와주는 촉매작용을 하는 물질이 바로 효소(enzyme)이다.

우리 몸 속에는 섭취된 음식물을 분해하여 흡수할 수 있도록 하는 각종 소화효소가 있고, 흡수된 물질로부터 몸을 구성하는 성분을 만들어내고 에너지를 얻는 데에도 수많은 효소들이 작용한다. 이와 같이 식물체인 농산식품의 원료나 동물체인 축산식품 원료와 수산식품 원료에도 수많은 효소가 들어 있다.

사람들이 지금까지 식품으로 사용해온 대부분의 식물과 동물들은 미생물이 발육하여 크게 오염될 만큼의 수분을 가지고 있다. 미생물에 오염된 식품은 외관이 변하기도 하고, 식품에 유독성분을 남겨 먹을 수 없게 만들지만, 때로는 미생물로 오염된 식품의 맛이 더 좋아지기도 한다.

미생물은 단일 세포나 여러 개의 세포로 구성되어 있지만, 아주 작아서 눈으로는 보이지 않는 생물이다. 그러나 때로는 푸른곰팡이처럼 길게 자라서 눈으로 볼 수 있는 것들도 있다. 미생물은 모양이나 성질에 따라 효모(yeast), 곰팡이(fungi), 세균

(bacteria)으로 크게 나눈다.

곰팡이는 실오라기와 같은 균사를 만들며 자라고, 여러 가지 빛깔을 가진 포자를 만들므로 눈으로 쉽게 볼 수 있지만, 효모나 세균은 하나의 세포로 되어 있기 때문에 많이 자라서 덩어리가 되지 않는 한 육안으로는 쉽게 볼 수 없다.

특히, 세균은 번식력이 빨라서 적당한 온도와 습도에서는 몇 시간 만에 하나의 세균이 수백만 개로 불어난다. 또 어떤 미생물은 10℃ 정도의 서늘한 곳에서 자라거나 50℃ 이상의 높은 온도에서 자라는 것들도 있는데, 대개는 여름철 기온인 25~35℃에서 잘 자란다. 많은 습기를 필요로 하지만 주변 환경의 pH나 호기적, 혐기적인 조건 등에 의해서도 영향을 받는다.

이런 미생물이 음식물에 작용할 때는 효소를 생성하여 작용한다. 미생물에는 녹말이나 단백질을 분해하는 곰팡이류, 당분을 분해하여 알코올을 생성하는 효모류, 당을 분해하여 젖산(lactic acid)을 생성하는 젖산균 등이 있고, 그 밖에 초산(acetic acid), 숙신산(succinic acid), 구연산(citric acid), 글루탐산(glutamic acid) 등을 생성하는 곰팡이류나 세균이 있다. 이들 미생물을 집중적으로 길러서 그 속에 생성된 효소를 추출하여 이용하거나, 효소 추출이 어려운 경우에는 미생물을 직접 적용시켜서 발효식품을 만든다.

발효식품에 이용하는 효소들로는 녹말을 분해하는 아밀라아제(amylase), 펙틴질이나 섬유질을 분해하는 펙티나아제(pectinase), 단백질을 분해하는 프로테아제(protease), 지방질을 분해하는 리파아제(lipase) 등의 효소들이 있다. 구성하는 성분이나 구조는 각각 다르지만, 효소들의 공통적인 것은 단백질로 이루어져 있다는 것이며, 작용하는 온도나 pH 등이 각 다르다.

1) 곰팡이

곰팡이는 균사에 의해서 실과 같이 보이므로 사상균(絲狀菌, fungi)이라고도 한다.

영양세포의 증식은 균사가 자라면서 가지가 생기는데, 생식세포는 균사의 끝에 아포자를 생성하는 것, 포자낭포자를 생성하는 것, 접합포자를 생성하는 것 등이 있다. 증식 속도는 비교적 느리며, 산소요구성은 유리산소를 필요로 하는 호기성으로서 증식온도 범위는 20~35℃ 정도이다. 영양소로서 좋아하는 천연물질로는 녹말 등의 탄수화물이 있고, 미량 영양소의 필요구성은 없다.

생육 pH는 4~6으로 산성이며, 대사적용의 형태는 가수분해형, 산화형이 있다. 탄수화물에서의 대사산물은 당과 유기산, 단백질에서의 대사산물은 펩티드·아미노산이다.

발효식품에서 곰팡이의 중요한 기능은 효소에 의한 분해 작용과 합성반응으로 식품의 구성성분으로부터 새로운 화합물을 합성할 수 있다. 이러한 곰팡이의 발효를 통하여 식품이 본래 가지고 있던 성질을 바꾸어 사람들이 더 좋아하는 제품이 될 수 있다. 누룩곰팡이속(*Aspergillus*)은 된장, 간장, 주류의 제조에 이용되고, 푸른곰팡이속(*Penicillium*)은 치즈 제조, 페니실린과 같은 항생제 합성에 사용하며, 그 외에도 구연산을 비롯한 유기산의 생산, 비타민류의 생산, 아밀라아제, 프로테아제를 비롯한 효소류의 생산에 리조퍼스(*Rhizopus*), 트레모트시움(*Tremotbcium*) 등이 이용되고 있다.

털곰팡이속(*Mucor*)은 발효공업에서 유용하게 이용되는 것은 별로 없으나 뮤코 루자이(*Mucor rouxii*)가 주정(酒酊) 발효에서 아밀로(amylo)균으로 이용되기도 한다. 메주의 표면에는 털곰팡이나 거미줄곰팡이속(*Rhizopus*)이 유난히 많이 자라서 백색이나 백회색을 띠는 것을 흔히 볼 수 있다.

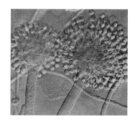

Aspersillus oryzae

2) 세 균

호기성 균이 바실러스속(*Bacillus*)과 혐기성균인 클로스트리디움속(*Clostridium*)은 주변 환경에 영향을 받는데, 바실러스 서브틸러스(*Bacillus subtilis*, 고초균)는 강력한 프로테아제(protease)와 아밀라아제(amylase)를 내어 장류와 청국장 제조에 널리 이용된다.

어떤 세균(bacteria)은 세포 내에 한 개의 내생포자를 형성한다. 증식속도는 비교적 빠르나 산소요구성은 다양하여 산소의 유무에 관계없이 성장하는 통성혐기성, 반드시 산소를 필요로 하는 절대호기성, 산소가 없는 혐기적 조건

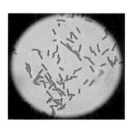

Bacillus licheniformis

에서만 생장하는 편성혐기성 등이 있다. 증식 온도범위는 10~50℃인데, 종류에 따라서 저온균, 중온균, 고온균이 있다.

영양소로는 단백질과 탄수화물, 미량 영양소로는 비타민 등을 필요로 하는 것이 있다. 생육 pH는 미산성·중성·알칼리성으로 다양하고, 대사적용의 형태는 가수분해형·산화형·환원형·산화환원형 등이 있다. 탄수화물에서의 대사산물은 알코올, 알데히드, 케톤, 유기산이며, 단백질에서 대사산물은 펩티드, 아미노산, 아민류 등이다. 발효식품에는 식초산균, 젖산균, 청국장균 등 다수의 세균이 관여한다.

3) 효 모

효모(yeast)는 진핵세포의 구조를 가진 고등 미생물로 균류 중 자낭균류와 불완전균류에 속하는 것이 대부분이다. 효모란 알코올 발효 때 생기는 거품(foam)이라는 뜻의 네덜란드 말 'gast'에서 유래하였다. 자연계에서 원시적으로 술을 만들 때 관여했던 것이 효모였으며, 토양이나 공기, 물, 과실의 표면 등에 널리 분포한다. 자연계에서 분리된 효모를 야생효모(wild yeast)라 하고, 우수한 성질의 효모를 분리하여 목적에 알맞게 순수하게 계대배양한 것을 배양효모(culture yeast)라 한다.

영양세포는 모세포에서 낭세포가 출아하여 증식되며, 생식세포의 어떤 효모는 세포 내에 1~8개의 내생포자를 생성한다. 증식 속도는 보통이며, 통성호기성으로 유리산소 존재 시 증식에 좋다. 증식 온도범위는 20~30℃이고, 생육 pH는 5~6.5로 미산성이며, 대사적용의 형태는 환원형·산화환원형이 있다. 탄수화물에서 대사산물은 알코올과 알데히드이고, 단백질에서의 대사산물은 fujel oil(고급 알코올)로 발효식품에 관여하는 실용 종류는 사카로마이스속(*Saccharomyces*), 토루롭시스속(*Torulopsis*) 등이다.

효모는 알코올 발효 능력이 강한 종류가 많아 예로부터 주류의 양조, 알코올 제조, 제빵 등에 이용되어 왔다. 상업용 양조효모 또는 제빵효모는 비타민 B_{12}를 제외한 비타민 B군의 좋은 급원으로, 세포 내에 비타민 B_1(thiamine), 비타민 B_2(riboflavin), 판토텐산, 니아신, 비타민 B_6, 엽산, 비오틴, ρ-아미노 벤조익산(ρ-amino benzoic acid(PABA)), 이노시롤, 콜론 등이 저축된다. 흡수와 합성은 효모의 종류와 배지의 종류에 따라 큰 영향을 받는다. 티아민, 니아신, 비오틴 등은 효모에 의하여 배지에서 쉽게 흡수한 반면에, 피리독신이나 이노시톨은 비교적 적게 흡수한다.

사카로마이스속(*Saccharomyces*)은 각종 주류를 만들 때 관여하며, 맥주 발효의 상면효모인 사카로마이스 사케(*Sacch. sake*)와 빵 효모인 사카로마이스 세르비사에(*Sacch. cerevisiae*)가 여기에 속한다. 맥주의 하면효모로는 사카로마이스 칼스버그제네시스(*Sacch. carlsbergensis*), 당밀 효모로는 사카로마이스 포모젠시스(*Sacch. formosensis* No.396)이 있고, 칸디다 유틸러스(*Candida utilis*), 토루롭시스 유틸러스(*Torulopsis utilis*)는 배지에 있는 질소물이나 탄소를 동화시키는 능력을 가지고 있다. 이 효소를 토룰라 이스트(Torula yeast)라고 한다.

효모는 세균보다 고삼투압성에 저항성이 있으므로 당의 농도가 높은 과즙, 벌꿀, 시럽, 건조과일 또는 염의 농도가 높은 식품에 생육하여 변패를 일으키기도 한다.

2. 발효 방식에 따른 분류

발효는 발효 방식에 따라 알코올 발효, 산 발효, 기타(당 발효, 아미노산 발효) 등으로 구분할 수 있다.

1) 알코올 발효

알코올 발효(alcohol fermentation)는 당을 에탄올(ethanol)과 이산화탄소로 분해하는 것으로 게이-뤼삭(Gay-Lussac, 1814)에 의하여 분해식이 제안되었다. 발효 기질로서는 포도당이 가장 많이 사용되고 과당, 만노즈(mannose), 갈락토즈(galactose) 등도 사용된다.

미생물이 대사산물로서 다량으로 생성하는 알코올로서 에틸 알코올(ethyl alcohol), n-부틸알코올(n-butyl alcohol), 이소프로필 알코올(isopropyl alcohol), 글리세린(glycerin) 등이 있다. 특히, 에틸 알코올은 합성주, 위스키 등의 양조용 화학합성 재료로 널리 사용되며, 그 가운데 음료용의 알코올은 발효법에 의해서 만들어진 것만이 허가되어 있다.

주로 당질을 원료로 한 비당화법과 전분질 및 섬유질에 의한 당화발효법으로 대별할 수 있다. 당밀발효용의 효모로는 사카로마이스 포모센시스(*Saccharomyces formosensis*) 등을 사용하며, 별도로 주모(moto, seed mash)를 만들어서 첨가하는 경우도 있다.

전분질 및 섬유소 원료는 한 번 가수분해해서 당으로 전환(당화)한 후 알코올 발효를 행한다. 식물 및 미생물 기원의 전분분해효소인 아밀라아제를 사용하는 방법으로 효소당화법과 산을 사용하는 산당화법(비효소법)이 있다.

효소당화법은 다시 맥아법, 국법(koji법), amylo법, amylo절충법, 액체 koji법 등으로 구별된다. 전분분해효소에 의해 전분이 분해되는 경우 액화, 덱스트린화, 당화 현상이 일어난다.

당화제로서 보리의 맥아나 밀기울의 누룩(koji)를 사용하는 맥아법은 사람의 손으로 만들기 때문에 누룩 제조를 무균적으로 행할 수 없는 결점이 있다. 또한 종균 배양액(주모)을 다량으로 필요로 하며, 알코올의 수율도 낮은 단점이 있다. 누룩곰팡이로서 아스퍼질러스 아와모리(*Aspergillus awamori*) 또는 아스퍼질러스 오리제(*Asp. oryzae*)를 사용하며, 밀기울에 발육시킨 것을 사용한다. 맥아법에서는 원료를 분쇄 후, 증자하여 이것에 분쇄된 맥아를 첨가하여 약 60℃에서 당화를 한다.

또 다른 효소당화법으로 리조퍼스 자바니커스(*Rhizopus javanicus*)의 포자 현탁액을 무균적으로 접종해서 호기적으로 배양하여 당화와 발효를 행하는 amylo법도 있다. amylo균도 뮤코속(*Mucor*)보다 리조퍼스속(*Rhizopus*)이 우수하여 곡류에는 리조퍼스 델레마(*Rhizopus delemar*), 고구마에는 리조퍼스 자바니커스(*Rhizopus javanicus*)가 이용되고 있다. 효모 amylo균으로는 사카로마이스 세르비사에(*Saccharomyces cerevisiae*)가 발효속도가 빠르고, 내당성·내알코올성이 우수하며, 10% 이상의 고농도 알코올을 축적하고 알코올 생산에 가장 잘 이용한다. 리조퍼스속(*Rhizopus*)은 당화력은 뛰어나지만, 액화력이 약하기 때문에 원료의 전분 농도를 높이면 점도가 높아져 곰팡이의 발육이 저해되기 때문에 농도를 높게 할 수가 없다. 따라서 알코올 농도가 낮은 발효액이 얻어지는 단점이 있다.

액체 코지법은 액화 및 당화형 아밀라아제를 함께 생산하는 균주로서 아스퍼질러스 아와모리(*Asp. awamori*), 아스퍼질러스 유사미(*Asp. usami*)가 주로 이용되며 아스퍼질러스 니저(*Asp. niger*) 등이 사용된다. 배양원료로는 고구마, 감자, 옥수수 등의 전분질 원료를 사용하며, 질소원으로 황산암모늄, 쌀겨, 대두박, 질산나트륨 등을 첨가한다. 접종하는 국균은 감자, 쌀, 빵, 밀기울 등을 사용해서 33~35℃에서 일주일 전후 배양해서 포자를 착생시켜 포자의 현탁액 또는 진탕배양법으로 포자를 약간 발아시킨 상태의 것을 무균적으로 담금액에 첨가하여 30~35℃에서 통기 배양한다.

현재 가장 진보된 알코올 발효법으로서 국법이 소규모 생산에 적합한 데 비해서 절충법은 규모가 큰 생산에 적합한 방법이다. 이 방법은 국법에서 술밑을 아밀로(amylo)법으로 배양하고, 이것을 발효조에 옮겨 국법으로 당화한 술덧을 수 회에 나누어 첨가하여 발효시키는 방법이다.

효소를 이용하지 않고 무기산(염산, 황산)이나 유기산을 사용해서 전분, 섬유소를 가수분해하여 당으로 전환하고, 여기에 황산암모늄, 쌀겨 등의 질소원 및 인산염 등을 첨가하여 당화 담금액을 만들고, 이것에 효모를 접종해서 발효시키는 산당화의 방법도 있다.

2) 유기산 발효

유기산 발효 중의 초산 발효는 알코올이 함유된 액을 공기 중에 방치했을 때 공기 중의 초산균의 작용에 의해 초산으로 변화하는 현상으로 알려져 있으며, 식초의 제조에 이용되어 왔다. 초산의 제조는 반드시 미생물의 작용에 의존하지 않고 목재의 건류, 석유제품으로부터의 합성에 의해 행해지고 있는데, 조미료인 식초는 발효법에 의해서 제조되는 경우가 많다. 대표적인 균주로는 아세토박터 아케리(*Acetobacter aceri*), 아세토박터 아케토수스(*Acetobacter acetosus*), 아세토박터 파스튜리어너스(*Acetobacter pasteurianus*)이다.

우유를 자연방치하면 산패하는 현상은 옛날부터 인정되었지만, 이것이 유산균의 작용에 의한 유산 발효에 기인하는 것이라는 것이 판명된 것은 1857년 파스퇴르(Pasteur)에 의한 유산균의 발견 이후의 일이다.

오늘날 유산균과 유산 발효는 치즈 등의 유제품, 유산음료, 청주, 절임식품 등 널리 발효식품 제조에 중요한 역할을 하고 있으며, 김치의 신맛을 내는 것도 젖산균에 의한 것이다. 스트렙토코쿠스(*Streptococcus*)속, 페디오코쿠스속(*Pediococcus*), 레우코노스톡속(*Leuconostoc*), 락토바실러스속(*Lactobacillus*) 등이 젖산균인데, 포도당의 발효형식에 따라 정상형 젖산 발효(homo lactic acid fermentation)와 젖산 이외의 초산 또는 알코올 등의 다른 물질도 함께 생성하는 이상형 젖산 발효(hetero lactic acid fermentation)로 나뉜다.

공업적인 젖산의 제조에는 호모형 발효균이 이용되지만, 발효식품의 제조에는 풍미의 형성에 기여하는 바가 크기 때문에 헤테로형의 발효균이 이용된다.

락토바실러스 델브룩키(*Lactobacillus delbrueckii*), 락토바실러스 카제이(*Lact. casei*) 등은 호모형 젖산발효균이며, 헤테로형 유산균은 포도당 이외의 만노즈(mannoes)라든지 갈락토즈(galactose) 등도 분해한다.

젖산발효의 원료로는 우유, 유청, 전분질, 당밀이 이용된다. 유산균은 영양 요구가 복잡한 균이기 때문에 밀기울, 쌀겨, 맥아뿌리, CSL(corn steep liquor) 등의 질소원 및 비타민류를 포함한 천연물을 부원료로 하여 1% 이하로 첨가한다.

전분질, 포도당 혹은 당밀원료의 경우는 포도당 발효성의 락토바실러스 델브룩키(*Lact. delbrueckii*)를 우유 유청의 경우는 락토즈 발효성의 락토바실러스 케이시(*Lact. casei*) 혹은 락토바실러스 불가리쿠스(*Lact. bulgaricus*)를 사용한다. 세균 이외의 리조퍼스속(*Rhizopus*) 곰팡이가 사용되기도 한다.

누룩곰팡이, 푸른곰팡이, 거미줄곰팡이, 초산균, 슈도모나스속(*Pseudomonas*)의 균, 글루코닉산(gluconic acid) 균은 공기의 존재하에서 포도당을 직접 산화하여 글루코닉산(gluconic acid), 2-케토글루코닉산(2-ketogluconic acid), 또는 5-케토글루코닉산(5-ketogluconic acid)를 생산하는 능력이 있다.

3. 발효식품별 관련 미생물

자연발효에 의해서 발효식품을 만들 경우 주위 환경에 따라서 품질이 좌우되어 어떤 때는 아주 좋은 제품이 되지만, 때로는 좋지 못하거나 발효가 진행되지 않는 경우도 있다. 미생물에 대한 지식이 알려지면서부터 식품 재료를 살균하여 잡균을 없애고 필요한 미생물이나 효소를 작용시켜 현대화된 발효식품을 만들고 있지만, 아직도 농가에서는 전통적인 방법으로 자연 발효시켜 식품을 만들고 있다.

1) 장류 관련 미생물

장류의 발효과정에 관여하는 미생물은 재래적인 방법으로 가정에서 자연 접종시켜
왔다. 19세기 후반부터 곰팡이 아스퍼질러스 오리제(*Aspergillus oryzae*) 또는 아스
퍼질러스 소제(*Aspergillus sojae*)의 순수 배양물인 종국(種麴)을 이용하게 됨으로써
장류의 공업적인 생산을 가능하게 만들었다. 곰팡이가 분비한 효소와 아울러 내염성
인 사카로마이스(*Saccharomyces*)와 토루롭시스속(*Torulopsis*) 효모, 페디오코쿠스
속(*Pediococcus*), 스트렙토코쿠스속(*Streptococcus*) 세균들의 복합적인 생화학 반
응에 의하여 고유한 향미를 가지는 제품이 만들어진다.

메주

메주발효 관련 미생물 중 곰팡이는 주로 메주덩어리
의 표면에서만 존재하고 세균은 메주 전체에 골고
루 조밀하게 분포되어 있으며, 세균의 종류는 바
실러스 서브틸러스(*Bacillus subtilis*), 바실러스
프밀러스(*Bacillus pumilus*) 등이 있다.
　메주는 표면이 잘 말라서 곰팡이가 많은데, 그
중에서도 털곰팡이의 뮤코(*Mucor*)와 거미줄곰팡이

표 6-1 메주 제조에 관여하는 미생물의 특징

미생물	분포	관련 미생물	특징
곰팡이	1%	*Mucor abundans* *Scopulariopsis brevicaulis* *Aspergillus oryzae* *Penicillium lanosum* *Aspergillus sojae*	주로 메주의 표면에만 존재하는데, 메주덩어리의 갈라진 틈으로 균사가 발육하여 생성된다.
세균	99%	*Bacillus subtilis* *Bacillus pumilus* *Staphylococcus aureus*	메주의 표면 및 내부에 고루 분포, 메주 내부에는 세균만 존재하여 *Bacillus subtilis*는 강력한 단백질·탄수화물 분해효소를 지닌다.
효모	0.01%	*Rhodotorula flava* *Torulopsis dattila*	효모는 간장의 숙성 시기가 분명치 않으며, 미치는 영향 또한 뚜렷하지 않다.

자료 : 윤숙자(2003). 한국의 전통발효음식. 신광출판사.

의 리조퍼스(*Rhizopus*)가 주류를 이룬다. 실내에서 주로 고초균인 바실러스 서브틸러스(*Bacillus subtilis*)를 증식시켜 독특한 메주를 만드는 이유는 파리와 같은 곤충의 해를 피하기 위함이며, 메주덩어리를 짚으로 묶어 매다는 것은 볏짚에 부착되어 있는 고초균, 거미줄곰팡이, 털곰팡이, 효모들을 서식시켜 이들의 분비효소에 의해 콩 단백질을 분해하여 아미노산을 만들기 위함이다.

간 장

장류 양조는 장류에 필요한 종국, 제국 및 숙성과정이 가장 중요하다. 종국에 사용되는 가장 대표적인 균이 아스퍼질러스 오리제(*Aspergillus oryzae*), 아스퍼질러스 소제(*Aspergillus sojae*) 계통이다. 중요한 작용을 하는 알칼리성 프로테아제를 생산하는 이러한 코지균 외에도 1g 중에 수천만의 바실러스속(*Bacillus*) 세균과 $10^8 \sim 10^{10}$의 내염성이 없는 젖산균인 마이크로코쿠스속(*Micrococcus*), 락토바실러스속(*Lacto-bacillus*)이 존재하고 있다. 호기성 세균의 오염은 제국 시 여러 가지 발효를 일으켜 장류의 맛을 나쁘게 한다.

표 6-2 **간장 제조에 관여하는 미생물의 특징**

미생물	관련 미생물	특 징
곰팡이	*Aspergillus oryzae* *Aspergillus sojae*	아밀라아제, 프로테아제의 생성이 강한 균주이다.
세 균	*Pediococcs halococcus*	간장 젖산균으로 간장덧의 숙성에 관여하며 내염성이 있다.
효 모	*Torulopsis famata* *Candida polymorpha*	초기에 출현하는 알코올 발효 기능이 없다.
	Zygosaccharomyces rouxii	간장덧의 주발효에 관여하며, 향기 생성에 관여한다.
	Torulopsis versatilis *Torulopsis etchellisii*	간장덧의 후속발효에 관여한다.

자료 : 윤숙자(2003). 한국의 전통발효음식. 신광출판사.

간장의 담금 기간 동안 효모의 분포는 초기에 칸디다 페르마타(*Candida fermata*), 칸디다 폴리모르파(*Candida polymorpha*) 등을 볼 수 있으나, pH 5 정도로 떨어지면 자이고사카로마이스 룩시(*Zygosaccharomyces rouxii*)가 증식하여 왕성한 알코올 발효를 하게 된다. 담금 후 90일을 경과하면 자이고사카로마이스 룩시(*Zygosaccharomyces rouxii*)는 소멸되는 반면, 칸디다(*Candida*) 효모는 후숙에 관여하여 간장 향의 특징이 되는 4-에틸 구아야콜(4-ethyl guaiacol) 등의 페놀(phenol)류를 생성하고 좋은 향미를 부여하게 된다.

효모 균수는 담금 초기에서 성숙기까지 상승하다가 후숙기에 감소한다. 젖산균, 호기성세균, 효모는 숙성 중에 증가했다가 감소하는 경향이 있는데, 호기성균은 숙성 3주째, 젖산균은 숙성 4주째, 효모는 7주째에 미생물 수가 최고치를 나타낸다.

콩코지 중 효모는 무염 또는 10% 소금배지에서 잘 생육하며, 15~18% 소금배지에서는 오히려 생육이 억제된다. 간장덧 중의 효모는 발효기간이 경과됨에 따라 내염성 효모수가 증가한다.

교반을 하면서 일정 기간 방치하면 효소 분해작용으로 성분변화와 미생물 번식에 의해 좋은 맛을 지니게 된다. 내염성(호렴성)의 유용 효모는 간장의 풍미를 상승시킨다.

된장

곰팡이, 효모, 세균의 세 가지 미생물이 작용하여 제조된 발효식품으로는 대두 발효식품 또는 장류가 대표적이다.

된장 중에 증식할 수 있는 주된 효모는 자 이 코 사 카 로 미 세 스 룩 시 (*Zygo-saccharomyces rouxii*)이고, 내염성 토루롭시스(*Torulopsis*)가 향미성분을 형성한다. 된장의 향기는 질소원이 되는 아미노산의 종류에 따라 발효 후의 향기가 달라지는데, 특히 루신이 우수한 방향을 낸다.

간장과 된장에서 단백질 분해력이 강한 세균으로 바실러스 서브틸리스(*Bacillus subtilis*)가 관여하나, 페디오코쿠스 하로필러스(*Pediococcus halophilus*), 락토바실

표 6-3 된장 제조에 관여하는 미생물의 특징

미생물	관련 미생물	특 징
곰팡이	*Aspergillus oryzae*	아밀라아제, 프로테아제의 생성이 강한 균주이다.
세 균	*Bacillus subtilis* *Bacillus mesentricus*	삼투압을 견디는 힘이 강하다.
효 모	*Saccharomyces*속 *Zygosaccharomyces*속 *Torulopsis*속	된장의 풍미에 관여하고 알코올 발효를 주로 한다.

자료 : 윤숙자(2003). 한국의 전통발효음식. 신광출판사.

러스 플렌타럼(*Lactobacillus plantarum*), 레우코노스톡 메센트로이드 (*Leuconostoc mesenteroides*) 등도 관여하고, 곰팡이로는 아스퍼실러스속 (*Aspergillus*), 페니실리엄속(*Penicillium*), 무코속(Mucor), 리조퍼스속(*Rhizopus*) 등이 있다. 특히 호렴성인 펜디오코쿠스 할로필러스(*Pediococcus halophilus*)는 증식을 개시하여 젖산을 생성한다. 이 균종은 된장의 pH가 5 정도로 떨어지면 증식을 중지하고 점차 감소되며, 내염성 효모인 자이고사카로마이스 룩시(*Zygo-saccharomyces rouxii*)가 증식하여 발효한다.

청국장

청국장은 콩을 삶아 바실러스 서브틸러스(*Bacillus subtilis*)를 번식시켜서 콩 단백질을 분해하고 마늘, 파, 고춧가루, 소금 등을 가미한 것으로 소화가 잘 되고, 특수한 풍미를 가진 영양식품이다.

청국장에는 각 가정에서 가을부터 이듬해 봄까지 만들어 먹는 식품으로서 콩과 볏짚에 붙어 있는 바실러스 서브틸러스 (*Bacillus subtilis*)를 이용하여 만들며, 독특한 향기와 감칠맛을 낸다. 특히 바실러스 서브틸러스는 내열성이 강한 호기성균으로서, 최적 생육온도는 40~42℃이고, 최적 pH는 6.7~7.5이다. 발효되는 동안 강력한 프로타아제(protease), 치마아제(zymase), 옥시다아제(oxidase) 등을 분비한다.

청국장에서 분리되는 아미노산으로는 루신, 티로신, 페닐알라닌, 발린, 글루타민산, 히스티딘, 알라닌 등이 있다.

청국장은 각 지방 및 가정마다 제조방법이 일정하지 않은데, 이는 스타터(starter) 격인 볏짚에 부착된 고초균의 종류에 따라 달라짐을 알 수 있다. 즉, 프로테아제 활성이 강한 고초균이 많은 볏짚으로 담글 때는 청국장 맛이 좋고, 강하지 못한 균이 많으면 맛이 저하될 뿐만 아니라 부패·변질되기도 쉽다.

청국장균은 종두에 잘 생육하는데, 그 외에도 여러 가지 곡물이나 육류, 생선류, 우유류 등에서도 잘 생육한다. 영양분으로는 탄소원으로서 포도당, 서당, 과당 등을 잘 이용하며, 특히 설탕은 생육에도 필요할 뿐만 아니라 청국장의 점질물(dextran) 생성에도 관여한다.

표 6-4 청국장 제조에 관여하는 미생물의 특징

미생물	관련 미생물	특 징
세 균	*Bacillus subtilis*	특유의 향기와 subtilin이라는 항생물질을 생성한다.

자료 : 윤숙자(2003). 한국의 전통발효음식. 신광출판사.

고추장

고추장은 주원료가 단백질과 전분질이므로 1차적으로 이에 관여하는 미생물은 프로테아제와 아밀라아제를 많이 분비하는 것들이다.

우리의 전통적인 재래 고추장은 무코속(*Mucor*), 리조퍼스속(*Rhizopus*), 아스퍼질러스속(*Aspergillus*) 등의 야생 곰팡이와 고초균(*Bacillus subtilis*) 등의 야생 세균이 발효에 관여하는 반면에, 코지 고추장은 아스퍼질러스 오리제(*Aspergillus oryzae*)의 순수 배양을 이용하여 만든다.

표 6-5 고추장 제조에 관여하는 미생물의 대표적인 특징

미생물	관련 미생물	특 징
곰팡이	*Aspergillus oryzae*	코지 곰팡이로 이용한다. 아밀라제, 프로테아제의 생성력이 강한 균주이다.
세 균	*Bacillus subtilis*	아밀라제, 프로테아제를 생산하는 균주이다.

자료 : 윤숙자(2003). 한국의 전통발효음식. 신광출판사.

2) 김치 관련 미생물

김치를 담그면 그 순간부터 미생물의 작용은 시작된다. 김치의 숙성은 순수 발효균에 의해서 진행되는 것이 아니고 원래의 주재료와 부재료의 오염균으로 존재했던 야생균들 중에서 환경에 적응할 수 있는 것들이 관여하게 된다.

김치의 발효과정에서 중요한 것은 젖산의 생성이다. 젖산은 방부작용을 비롯하여 염분을 부드럽게 해주는 작용이 있다. 김치발효와 관련된 균은 세균 200주, 효모 2주인데 그 중에 50주는 호기성 세균, 150주는 혐기성 젖산균이다.

김치 발효 가운데 레우코노스톡 메센트로이드(*Leuconostoc mesenteroides*)는 초기에 많이 번식하는 이상젖산발효균으로 젖산과 탄산가스를 생성하여 김치를 산성화 및 혐기상태로 만들어 호기성 잡균의 번식을 억제하여 준다. 스트렙토코쿠스(*Streptococcus*)는 발효 초기에, 페디오코쿠스(*Pediococcus*)는 중기에 활발히 번식하고, 락토바질러스(*Lactobacillus*)는 후기에 생육한다.

김치의 주발효균인 레우코노스톡 메센트로이드(*Leuconostoc mesenteroides*), 락토바실러스 블렌트럼(*Lactobacillus plantarum*), 락토바실러스 브리비스(*Lactobacillus brevis*), 페디오코쿠스 세레비시아(*Pediococcus cerevisiae*) 등의 혐기성 세균들은 50일까지 급격한 증가를 한다.

3) 주류 관련 미생물

탁주는 입국 미생물로 아스퍼질러스 카와치(*Aspergillus Kawachii*)를 사용하고, 청주나 약주는 종국균으로 아스퍼질러스 오리제(*Aspergillus oryzae*)를 사용한다.

누룩에는 아스퍼질러스속(*Aspergillus*), 페니실럼속(*Penicillium*), 모나스쿠스속

(*Monascus*) 등의 곰팡이와 사카로마이스 코리너스(*Saccharomyces coreanus*)와 같은 효모가 증식되어 있어 당화와 발효력을 가진다. 또 분국은 아스퍼질러스 시루사민(*Aspergillus shirousami*)와 리조퍼스속(*Rhizopus*) 등을 증식시키는 당화제이다.

탁주와 약주의 발효제로 곡자(누룩)미생물은 아스퍼질러스속(*Aspergillus*), 리조퍼스속(*Rhizopus*), 아드시디아속

(*Absidia*), 무코속(*Mucor*) 등의 곰팡이와 효모 등이 번식하고 있어 당화와 발효를 시킬 수 있다.

입국은 찐 쌀 및 찐 밀가루 등에 종국을 넣어 제국한 코지(koji)를 말하며, 탁주의 입국제조에는 백국균(*Asp. kawachii*)이 사용된다.

분국은 입국에 해당하는 것으로, 밀기울에 약간의 밀가루와 수분을 조절하여 가열 살균하거나, 생것의 pH를 조절하여 아스퍼질러스 시루사민(*Aspergillus shirousami*)를 접종 배양하여 건조한 것이다.

소주의 코지균으로 처음에는 아스퍼질러스 오리제(*Aspergillus oryzae*)가 사용되었으나, 1920년경부터 아스퍼질러스 니저(*Aspergillus niger*)가 사용되어 현재 완전히 흑국균(*Asp. awamori*, *Asp. usami*)만을 사용한다. 소주에는 희석식 소주와 재래

표 6-6 **주류 제조에 관여하는 미생물의 특징**

미생물	관련 미생물	특 징
곰팡이	*Aspergillus kawachii*	탁주 입국 미생물이다.
	Aspergillus oryzae	청주 · 약주 종국균으로 사용한다.
효 모	*Saccharomyces*속 *Candida*속 *Endomycopsis*속	당분으로부터 알코올을 생성한다.

자료 : 윤숙자(2003). 한국의 전통발효음식. 신광출판사.

식의 증류식 소주가 있으며, 희석식 소주는 보통 주정 제조방법과 같이 발효하여 연속 증류기로 증류한 다음 소정의 주정 농도로 희석한 것이고, 재래식 소주는 전분질 원료를 코지로 당화시키고 알코올 발효시켜 단식 증류기로 증류한 것이다.

미생물 중에서 효모는 당분을 취하고 알코올과 탄산가스를 생성한다. 또한 이때 생성된 알코올 성분을 음료로 이용하게 되면 이것을 주류 또는 알코올 음료라 부른다.

전분질 원료에 미생물을 접종하여 25~30℃에서 2~3일간 배양하면 단맛, 신맛과 알코올 향기 생성에 나는 발효식품이 만들어진다. 이때 미생물의 접종원(inoculum)으로 사용되는 것을 동양에서는 여러 가지 이름으로 부르고 있다. 우리나라는 탁주·약주에 이용되는 누룩이 이에 해당된다.

곰팡이로서는 무코속(*Mucor*)과 리조퍼스속(*Rhizopus*)이 중요하며, 이들은 전분질, 지방질, 단백질을 가수분해하는 능력을 가지는데 무코 룩스(*Mucor rouxii*)(아밀로미스 룩스(*amylomyes rouxii*) 또는 칼라미도무코 오리제(*chlamydomucor oryzae*))가 가장 중요한 역할을 한다. 효모로서는 칸디다(*Candida*), 엔도미코프시스(*Endomycopsis*), 사카로마이스속(*Saccharomyces*)이 분리되는데, 이들은 곰팡이가 전분에서 생성시킨 당분으로부터 알코올을 생성한다. 우리나라의 재래식 소주, 만주의 고량주, 소련의 보드카, 유럽의 진 등이 대표적이다.

4) 식초 관련 미생물

수천 년 동안 식초는 야생식초산균들에 의해서 자연적으로 제조되어 왔다. 1837년 F. T. Kützing이 처음으로 에탄올은 미생물에 의해서 식초산균으로 전환된다는 이론을 발표했다. 그 당시에는 식초덧 중에 있는 활성적인 균을 순수 분리할 수 있는 기술이 없었기 때문에, '아세토박터(*Acetobacter*)'에 대한 연구가 있었음에도 불구하고 초산균을 이용하지 못하였다. 초산균은 오버록시다이저(overoxidizer)인 아세토박터속(*Acetobacter*)과 언더록시다이저(underoxidizer)인 글루코노박터속(*Gluconobacter*)으로 크게 나뉘는데, 그 후에 100여 종의 아세토박터(*Acetobacter*)가 분류되었고, 이 중에서 점성물질을 심하게 생성하는 아세토박터 시리넘(*Acetobacter xylinum*)과 생성된 식초산을 다시 이산화탄소로 산화하는 몇 가지 종을 제외하고는 대부분이 식초 양조에 쓰일 수 있는 것들이라고 보고되었다. 냉동 건조된 균주는 2~5년간 보존이 가능하며, 특히 완벽하게 냉동 건조된 아세토박터 옥시던스 (*Acetobacter oxydans*)는 20년간 견딜 수 있다고 한다.

식초 생산균으로는 아세토박터 아세티(*Acetobacter aceti*), 아세토박터 메소시던스(*Acetobacter mesoxydans*), 아세토박터 마세티제넘(*Acetobacter acetigenum*), 아세토박터 오리넨스(*Acetobacter orleanense*), 아세토박터 마세토섬(*Acetobacter acetosum*), 글루코노박터 옥시던스(*Gluconobacter oxydans*) 등이 이용된다. 이 중에서 아세토박터 오리넨스(*Acetobacter orleanense*), 아시토박터 아세토섬(*Acetobacter acetosum*) 등은 초산 생성능력이 강하고, 생성된 초산을 과산화하지 않는다. 또 속초법에는 아세토박터 스쿠츠젠바치(*Acetobacter schutzenbachii*), 아세토박터 아세티(*Acetobacter aceti*)가 적합하다.

포도주나 맥주를 공기 중에 노출시키면 종종 신맛이 나는데, 이것은 절대 호기성 초산세균에 의해 알코올이 산화되어 초산으로 되기 때문이다. 이러한 현상을 이용하여 재래적으로 만든 것이 식초이다.

아직도 식초 제조는 거의 경험에 의해 만들어지고 있는 실정이다. 그 한 예가 프랑스에서 이용되고 있는 오린스 프로세스(*Orleans process*)인데, 큰 나무통에 포도주를 적당히 채우면 표면에 초산균이 젤라틴과 같은 얇은 막을 형성한다. 몇 주가 지나면 에탄올이 초산으로 바뀌어 액체로의 공기 확산이 느리게 일어나기 때문에 질이 좋은 제품으로 된다. 에탄올에서 초산으로의 산화는 초산균에 의해 일어나는 불완전 산화인데, 이들에 의한 몇몇 불완전산화는 상업적으로 중요한 역할을 나타낸다.

표 6-7 식초 제조에 관여하는 미생물의 특징

미생물	관련 미생물	특 징
세 균	*Acetobacter aceti* *Acetobacter schutzenbachii* *Acetobacter orleanense*	알코올로부터 초산을 생성한다.
효 모	*Acetobacter xylinum* *Acetobacter xylinoides*	점질물질을 형성하여 불쾌한 ester를 생성하므로 식초 양조에 적합하지 않다.

자료 : 윤숙자(2003). 한국의 전통발효음식. 신광출판사.

5) 기 타

세계 각 지역에서 섭취되고 있는 발효식품은 유 발효식품, 채소 발효식품, 곡물 발효식품, 콩류, 주류 등의 많은 것들이 있다.

발효유제품은 고대 중국, 바빌론, 로마인들이 제조한 기록이 있으며, 고기를 소금과 양념으로 혼합시켜 건조시킬 때 미생물에 의하여 발효되는 것이다. 그러나 현재는 육류에 유산균을 발효시켜 부패하지 않고 향기를 더하는 소시지 같은 제품을 만든다. 발효콩식품은 중국의 쑤푸, 일본의 간장(soy sauce), 미소(miso), 인도네시아의 템페(tempeh) 등이 있다.

젖산균은 설탕에서 많은 양의 젖산(lactic acid)을 생성시킨다. 이에 따른 pH 감소는 대부분의 다른 미생물을 자라지 못하게 한다.

따라서 젖산균의 생육은 식품 보장수단이 될 뿐만 아니라, 향미성분을 생성하게 한다. 우유류는 세균의 젖산발효에 의하여 향미가 달라지고 용액 상태도 달라지는데 치즈와 발효유가 대표적이다. 세계의 많은 지역에서는 우유와 젖산균, 효모를 혼합시켜 케파이어(kefir)와 쿠미스(kumiss) 등 시큼하고 부드러운 알코올 음료를 만들고 있다.

곡류 발효식품은 그 대표적인 것이 빵이며, BC 3500년 전 이집트에서 빵을 굽기 시작했다. 물론 옛날에는 배양된 효모를 이용하는 방법이 아닌, 밀가루 반죽을 상온에 둘 때 각종 미생물이 성장하여 가스를 생산하고 구울 때 스폰지(sponge) 조직이 되었던 것이다. 효모로 부풀린 빵 제조에 있어서 발효가 아주 중요한 과정인데, 이 과정을 '제빵 발효' 라고 한다. 효모는 빵의 조직감과 향미에 영향을 주는 밀가루 반죽의 물리 · 화학적 성질에 변화를 일으키게 되며, 제빵 산업에 사용되는 효모는 모두 사카로마이스 세레비시아(*Saccharomyces cerevisiae*)로서, 양조에 이용되는 상면효모에서 유래되었다. 빵은 밀가루에 효모, 설탕, 식염 등을 넣어 물로 반죽하고 발효에 의해 생성된 탄산가스가 반죽 내에 분산되어 밀가루 반죽(dough)이 팽창하는 것을 이용한 제조방법이다. 효모 대신에 화학팽창제(baking powder)를 사용하기도 하지만 풍미가 좋지 못하다. 우리나라의 '증편' 은 쌀가루 반죽에 탁주를 넣어 발효시킨 다음, 수증기 찜을 한 대표적인 효모 발효식품이다. 이것은 부풀게 했을 뿐아니라 탁주의 향미성분을 더해 주었다고 본다. 빵이나 증편 제조 시 발효의 부산물로 생성된 알코올, 알데히드, 유기산 등이 빵의 풍미를 좋게 한다.

쌀을 이용한 발효식품으로는 인도의 이들리(idli), 도사(dosa), 아팜(appam)과 필리핀의 푸토(puto)가 있다. 이들리(Idli)는 쌀과 검정 녹두를 섞은 다음, 하룻밤 방치하여 자연발효를 시킨 후에 증기로 쪄서 만든 스폰지 모양의 부드러운 빵이다. Idli의 자연발효에서 산과 가스를 생성하는데, 주로 관여하는 세균은 녹두에 들어 있는 레

표 6-8 발효식품과 대표적인 미생물의 종류

구 분	식 품	곰팡이	세 균	효 모
알코올음료	약주·탁주	Aspergillus		Saccharomyces
	청주	Aspergillus		Saccharomyces cerevisiae
	beer			Sacch. cerevisiaes(상면효모)
	포도주		Pediococcus, Leuconostoc	Sacch. carlsbergensis(하면효모) Sacch. ellipsoideus
	소 주	Aspergillus		Saccharomyces cerevisiae
	whiskey			Saccharomyces, Candida Saccharomyces cerevisiae
조미료	간 장	Aspergillus oryzae	Bacillus subtilis, Pediococcus	Zygosaccharomyces sojae
	된 장	Aspergillus	Bacillus subtilis, Pediococcus	Zygosaccharomyces rouxii
	청국장	Aspergillus Rhizopus	Bacillus subtilis	
	고추장		Bacillus subtilis	
	식 초		Acetobacter	
기타식품	natto		Bacillus natto	
	pickle		Acetobacter, Lactobacillus	
	bread			Saccharomyces cerevisiae
	cheese	Pencillium camemberti	Streptococcus, Leuconostoc	
	yoghurt		Lactobacillus bulgaricus	Saccharomyces
	식혜(감주)·엿	Aspergillus		

자료 : 윤숙자(2003). 한국의 전통발효음식. 신광출판사.

우코노스톡 메센트로이드(*Leuconostoc mesenteroides*)이다. 발효 후기에는 스트렙토코쿠스 파에셀리스(*Streptococcus faecalis*)와 페디오코쿠스 세레비시아(*Pediococcus cerevisiae*)가 관여하는 것으로 보인다. 필리핀의 푸토(puto)는 찹쌀가루를 자연 발효시킨 후 증기에 찐 빵으로 젖산균에 의한 것이다. 아프리카의 여러 나라에서는 20종류 이상의 옥수수 발효식품이 알려져 있다.

주로 곰팡이의 작용에 의하여 만들어진 발효식품으로 템페(Tempeh), 온쫌(Oncom), 안카(Anka) 등이 있다. 템페(Tempeh)는 콩을 리조퍼스 오리코스퍼루스(*Rhizopus oligosporus*)로 발효시킨 것이고, 온쫌(Oncom)은 땅콩깻묵을 네우로스포라(*Neurospora*)로 발효시킨 제품이다. 안카(Anka)는 쌀에 모나스쿠스 펄프리어스(*Monascus purpureus*)를 발육시킨 것이다.

두류에 세균만을 발육시켜 만든 발효식품으로는 일본의 낫토(natto), 태국의 트어나오(thuanao), 인도네시아의 데이지(dage), 우리나라의 청국장이 있다. 이때 관여하는 세균으로 레우코노스톡속(*Leuconostoc*)과 스트렙토코쿠스 페이시움(*Streptococcus faecium*)이 관여한다.

생선을 이용하여 발효시킨 제품은 그 특이한 맛과 냄새 때문에 전 세계적으로 보편화되어 있지는 않으나 우리나라, 스칸디나비아, 동남아 등지에서는 고대로부터 내려오는 저장음식의 하나로 애용되고 있다. 스칸디나비아에서는 주로 청어를 원료로 하여 앤초비(anchovy)라는 발효식품을 만드는데, 앤초비는 우리나라 멸치젓처럼 액화될 때까지 발효시키지 않고 적당히 발효되면 그대로 팔기도 하고, 살만을 발라 거기에 올리브유를 채워 통조림해서 팔기도 하는데 그 맛은 멸치젓과 흡사하나 맛이 순하다.

7장

식품의
효소

1. 효소의 정의

1) 효 소

효소(enzyme)는 동물, 식물, 미생물의 생활세포에 의해 생성되는 물질이며, 생체 내에서 진행되는 생합성, 분해 등의 모든 반응을 촉진하는 촉매적 물질로 세포 조직에서 분리해도 그 작용을 상실하지 않는 고분자 유기화합물이다. 생물, 기관, 대사 등의 차이에 따라 각각 다른 효소가 관여하며 효소의 종류는 매우 많다. 효소는 모두 단백질로서 아미노산의 펩티드(peptide) 결합이 주 골격으로 이루어졌으며, 그 밖에 당, 지질, 핵산 등이 필요한 경우도 있다. 효소는 복잡한 반응을 매우 특이적으로 신속히 진행시키는 촉매작용을 갖는다. 효소가 촉매하는 화학반응의 반응물질을 기질이라 하며, 보편적으로 효소는 기질특이성이 높아 복잡한 유기화합물의 혼합액 중에

표 7-1 **효소와 촉매의 차이점**

구 분	촉 매	효 소
화학반응에서의 변화	그 자체는 아무런 변화를 받지 않는다.	대부분 작용하는 물질과 반응하여 생성물과 결합하는 경우가 많다.
반응 진행에 따른 변화	그 활성은 그대로 유지 된다.	그 활성이 점차 감소된다.
기질 특이성 유무	없다.	있다.

자료 : 김상순 외(1992). 식품학. 수학사.

서도 특정한 효소에 의한 특정한 물질만의 화학변화가 진행된다. 효소의 반응속도는 효소의 농도, 기질의 농도, 수소이온 농도 및 온도 등의 공존인자에 의해 영향을 받는다. 효소는 반응에 있어 촉매적 물질이나 촉매와는 많이 다르다. 촉매와 효소의 공통점은 미량으로써 반응을 촉진시키는 역할을 한다는 것이고 그 차이점은 표 6-1과 같다.

2. 효소의 특징

효소는 그 종류가 대단히 많고, 그 성질도 각각 다르나 일반적으로 공통된 것을 들면 다음과 같다.

1) 대부분의 효소들은 단백질이다

효소는 대부분 단백질이므로 효소의 용액은 콜로이드(colloid)성을 나타낸다. 또한 열에 대하여 불안정하고, 가열하면 응고되어 그 작용을 상실한다. 강산이나 강알칼리에서 변성하며, 단백질의 침전제에 의하여 침전하는 것이 많다.

2) 효소는 기질에 대한 특이성을 가지고 있다

효소는 그 효소가 작용하는 대상인 기질에만 작용한다. 한 효소는 반드시 일정한 어떤 기질에만 작용한다는 점은 화학에서 촉매로 많이 사용되는 철이나 백금과 같은 무기 촉매와 다르다. 그래서 기질과 효소의 관계는 '열쇠와 자물쇠'의 관계로 비유된다. 예를 들어, 아밀라제는 전분에만, 펙티네이즈는 펙틴에만 작용한다.

3) 효소가 최대의 촉매력을 갖기 위해서는 최적의 조건이 필요하다(최적 온도, 최적 pH 등)

온도에 대한 성질을 보면 일반적인 화학반응과 마찬가지로 효소의 작용은 온도가 높아짐에 따라서 촉진되나, 일정한 온도 이상이 되면 고온에서 변성되어 실활되기 때문에 그 작용이 저하된다. 이와 같이 각 효소는 그 작용에 가장 적합한 온도인 최적 온도 범위를 갖는다. 그 범위는 30~40℃이고 효소에 따라 다르지만 대체로 40℃ 전후의 것이 많다. 최적온도는 반응조건(기질의 농도, 용매, pH 등)에 따라 달라진다.

수소이온 농도에 대한 성질의 경우 각 효소는 그 작용에 가장 적합한 pH인 '최적 pH' 범위를 갖는다. 효소의 작용은 수소이온 농도(pH)에 의하여 영향을 받으며, 각 효소의 최적 수소이온 농도의 범위를 벗어나면, 즉 강한 산이나 알칼리측에서는 효소가 변성하여 그 작용이 정지되는 수가 많다. 최적 pH는 반응시간의 길이, 공존인자, 완충액 종류 등에 따라 변한다. 예를 들면 펩신(pepsin)은 pH 2가 최적이며, 침 아밀라제(amylase)는 최적 pH가 7, 트립신(trypsin)은 8이다.

4) 효소에는 활성기가 존재한다

효소는 담체(apoenzyme)에 활성기(active group)나 보효소가 결합하여 복합체 형태로 작용한다. 활성기나 보효소가 존재하지 않을 때 효소의 작용은 정지한다. 단백질 부분(담체)에 작용기가 굳게 결합하고 있을 때 이를 활성기라 하고, 이것이 단백질에서 잘 해리(解離)할 때 보효소(補酵素, coenzyme)라 한다. carboxylase에서 비타민 B_1의 피로인산에스테르는 보효소의 한 예이다.

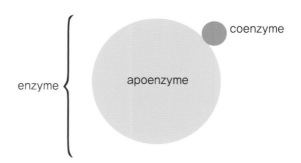

그림 7-1 효소 = 활성기나 coenzyme(보효소) + apoenzyme(담체)
자료 : 김상순 외(1992). 식품학. 수학사.

표 7-2 효소와 활성기의 관계

담체(apoenzyme)	활성기(active group)
단백질과 같은 고분자 물질	• 작용기(reactive group) • 특수한 화학구조를 가지는 비교적 저분자 물질 • 담체로부터 잘 해리될 때 보효소(coenzyme)라 함

5) 효소 활성의 조절은 세포 대사의 조절을 의미한다

효소는 부활작용(activation)과 저해작용(inhibition)이 있어서 효소반응속도가 여러 가지 물질에 의해 촉진되기도 하고 억제되기도 한다. 활성제(activator)는 효소작용을 촉진하는 물질이며, 저해제(inhibitor)는 효소작용을 억제하는 물질을 말한다.

6) 우리는 생활 속에서 효소를 이용하며 살고 있다

3. 중요 효소

1) 효소의 명명

효소의 명명법 중 관용명은 펩신(pepsin)이나 트립신(trypsin)과 같이 규정이 생기기 전에 명명된 것을 그대로 쓰고 있는 경우를 말한다. 대부분 효소의 이름은 효소가 작용하는 기질이나 반응 명칭의 어미를 '-ase'로 바꾸어 부른다. 예컨대 전분(amylum)을 분해하는 효소를 amylase, 단백질(protein)을 분해하는 효소를 protease, 지질(lipid)을 분해하는 것을 lipase라 하며, 산화시키는 것을 oxidase, 가수분해하는 것을 hydrolase, 탈수소화하는 것을 dehydrognase라 한다.

2) 효소의 종류와 그 작용

1961년 International Union of Biochemistry(IUB)에 의하여 효소를 다음과 같이 분류하고 있다.

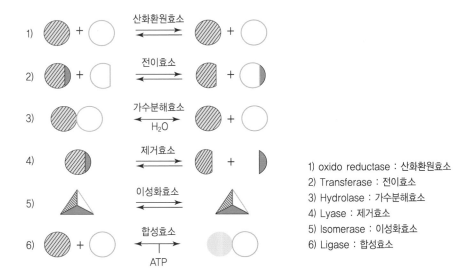

1) oxido reductase : 산화환원효소
2) Transferase : 전이효소
3) Hydrolase : 가수분해효소
4) Lyase : 제거효소
5) Isomerase : 이성화효소
6) Ligase : 합성효소

그림 7-2 효소의 반응형식

자료 : 김상순 외(1992). 식품학. 수학사.

표 7-3 **IUB에서 분류한 효소의 종류와 작용**

효소의 종류	영어이름	효소의 작용	종 류
산화환원효소	oxido reductase	산화와 환원을 촉매하는 모든 효소	glucose oxidase, catalase, alcohol dehydrogenase, lactate dehydrogenase
전달효소	transferase	어떤 분자에서 기능기를 떼어내어 다른 분자에 옮겨 주는 효소	transketolase, transaldolase, transaminase, hexokinase
가수분해효소	hydrolase	고분자를 가수분해하여 저분자로 하는 효소로, 가수분해는 물분자를 첨가하여 큰 분자를 쪼개는 반응	amylase, invertase, lactase, glucoamylase, rennin, pectinase, lipase, tennase, penicillinase
분해효소 (절단효소)	lyase	가수분해 이외의 방법으로 기질을 분해하는 효소	pyruvate decaboxylase, aldolase, hyaluronidase, carboxylase, citrate synthetase, fumarase, aconitase
이성화효소	isomerase	기질의 이성(질)체를 만드는 효소	lactate racemase, alanine racemase, xylose isomerase
결합효소 (합성효소)	ligase	두 물질의 결합을 촉매하는 효소	glutamine synthetase, glutathione synthetase, acetyl CoA carboxylase

자료 : 농림수산식품 교육문화정보원. 농업농촌종합정보 포털 옥답. 김상순 외(1992). 식품학. 수학사.

4. 식품과 관계있는 효소

식품과 관계있는 효소를 편의상 가수분해효소와 산화환원효소 및 기타 효소로 크게 나누어 표 7-4에 보기를 들었다.

표 7-4 **식품관련 효소의 종류와 소재**

효소의 종류		효소의 작용	소 재
가수분해효소	carbohydrase (탄수화물 분해효소)	amylase	starch → dextrin + maltose	소화액, 발아종자, 곰팡이
		saccharase (invertase)	sucrose → glucose + fructose	장액, 곰팡이, 효모
		maltase	maltose → glucose 2분자	장액, 곰팡이, 발아종자, 효모
		lactase	lactose → glucose + galactose	장액, 미생물
		inulase	inulin → fructose	곰팡이, 세균, 돼지감자
		cellulase	cellulose → glucose, cellobiose	미생물
		pectinase	pectin → 환원당	과일, 세균, 곰팡이
	esterase	lipase	지방 → glycerin + 지방산	소화액, 종자, 세균
		phosphatase	인산 ester → 인산 + 기타물질	곰팡이, 효모, 내장, 육(肉)
	protease (단백질분해효소)	pepsin	protein → albumose, peptone	위액, 세균, 곰팡이
		trypsin	protein albumose → peptide, amino acid	췌액, 장액, 곰팡이, 세균
		chymotrypsin	protein albumose → peptide, amino acid	췌액, 장액, 곰팡이, 세균
		erepsin	protein albumose → peptide, amino acid	췌액, 장액, 곰팡이, 세균
		peptidase	peptide → amino acid	소화액
		papain	protein → amino acid	파파야, 과일
	nuclease (핵산분해효소)	nuclease	nucleic acid → nucleotide	장액, 내장, 곰팡이, 세균
		nucleotidase	nucleotide → 인산 + nucleoside	장액, 내장, 곰팡이, 세균
		nucleotidase	nucleoside → sugar + base	장액, 내장, 곰팡이, 세균
	amidase	arginase	arginine → urea + ornithine	간장, 췌장, 종자
		urease	urea → CO_2 + ammonia	콩, 세균, 곰팡이

표 7-4 (계속)

효소의 종류		효소의 작용	소 재
산화환원효소	oxidase (산화효소)	phenolase	phenol류 → quinone	동식물의 체내
		polyphenolase	polyphenol → quinone	동식물의 체내
		tyrosinase	tyrosine → melanin	동식물의 체내
		peroxidase	과산화물 → 산화물 + O_2	신선 식품, 세균
		catalase	H_2O_2 → $H_2O + \frac{1}{2}O_2$	신선 식품, 세균
	dehydrogenase (탈수소산화효소)	succinate dehydrogenase	succinic acid → fumaric acid + 2H	동식물체
		lactate dehydrogenase	lactin acid → pyruvic acid + 2H	동식물체
기타	transferase (전달효소)	phosphotransferase	인산기를 전달한다.	근육, 기타조직
		aminotransferase	amino기를 전달한다.	간장, 기타조직
		transmethylase	methyl기를 전달한다.	간장, 기타조직
	isomerase (이상화효소)	phosphoglucomutase	glucose-1-phosphate ⇌ glucose-6-phosphate	근육
	coagulase (응고효소)	rennin	casein → paracasein	유아, 송아지, 위액, 세균
		thrombin	혈액을 응고시킨다.	혈액

자료: 김상순 외(1992), 식품학, 수학사.

5. 효소의 발효 생성

효소는 오래 전부터 동물이나 식물에서 추출, 제조되어 왔으나 미생물을 이용한 것은 1차 세계대전 중 국균(*Aspergillus oryzae*)을 사용하여 takadiastase를 효소제제로서 제조한 것이 처음이다. 그 이후 값이 싼 배지에 대량으로 단기간 배양이 가능하여 효소의 급원은 점차 미생물로 바뀌게 되었으며, 현재에는 수많은 효소제제가 전적으로 미생물에 의하여 생산되고 있다. 주된 것은 아밀라아제, 프로테아제, 셀룰라아제 등의 가수분해효소이고, 용도는 전분가공, 식품가공, 양조용, 사료첨가, 세제용, 섬유가공, 피혁 가공, 폐수처리 등 넓은 범위로 사용된다. 또한 최근에는 효소 또는 균체를 그대로 고정화하는 기술이 진보되어 불용성 효소의 개발로 인해 그 용도가 분석, 화학공정, 연료전지나 의료에도 DL-amino acid의 aminoacylase에 의한 연속적 광학 분할이나 임상 분속분야 등으로 확대되고 있다. 미생물 배양은 배지의 형태에 따라 액체 배양과 고체 배양으로 구분된다. 또한 기질(substrate)의 공급방법에 따라 회분식 배양, 연속 배양 및 유가식 배양이 있다.

1) 미생물 효소의 특이성

미생물을 배양하여 특수한 효소를 직접 발효시키거나 혹은 이로부터 효소제를 만들어 이용하는 공업은 최근 상당히 성행하고 있다. 효소를 hydrolase와 desmolase로 나눠 생각하면 hydrolase는 거의 균체 외로 나오는 exoenzyme이나 이 경우 생체를 사멸시키거나 혹은 생체나 배양액에서 추출하여도 파괴되지 않아 공업적으로 유리하다. 한편 desmolase는 대개가 생체를 벗어나면 그 작용을 발휘하지 못하는 endo-enzyme이므로 그 외 이용은 생체를 그대로 이용하여 발효를 행하지 않으면 안된다. 간혹 desmolase로 추출되는 것이 있으나 공업적으로 의의가 적다.

효소 자원으로서 미생물은 다른 식물이나 동물자원에 비하여 효소의 종류도 많을 뿐만 아니라 제조비가 싸고 단시일 내에 여러 규모로 제조될 수 있는 여러 이점을 갖고 있다. 반면에 균주의 변성이나 배양조건의 변화에 따라 효소 생산량이 변화되기 쉽고 또 배양 중 잡균의 혼입은 특히 유의하지 않으면 안된다. 따라서 제조관리상 충분한 주의와 기초연구가 필요하다. 공정상 중요한 것은 균주의 선택으로 단기간에 다량의 효소를 생산하며, 배양이 쉽고 값싼 원료에 생육할 것과 변이가 일어나지 않

표 7-5 대표적인 효소 생산 미생물

미 생 물		효 소
곰 팡 이	Aspergillus oryzae	Amylase
	Aspergillus niger	Protease
	Rhizopus delemar	Amylase
세　　균	Bacillus subtilis	Amylase
효　　모	Saccharomyces cerevisiae	Amylase
방사선균	Streptomyces griseus	Invertase

표 7-6 미생물에 의한 효소의 생산

효 소	급원미생물	효 소	급원미생물
액화 amylase	Bacillus subtilis B. amyloliquefaciens B. stearothermophilus Aspergillus oryzae	protease	Bacillus subtilis Streptomyces griseus Aspergillus oryzae Aspergillus saitoi
당화 amylase	Rhizopus delemar	cellulase hemicellulase	Trichoderma viride Irpex lacteus Aspergillus niger
pectinase	Penicillum sclerotinia Aspergillus oryzea Aspergillus wentii Aspergillus niger Conithyium diploidiella	lipase	Cadida cylindracea Candida paralipolytica Rhyzopus oryzae
glucose isomerase	Bacillus megaterium Streptomyces albus	invertase	Saccharomyces cerevisiae
lactase	Saccharomyces fragilis	glucose oxidase	Penicillium notatum Aspergillus niger
rennin	Mucor pusillus	naringinase	Aspergillus niger
hesperidinase	Aspergillus niger	catalase	Aspergillus
asparaginase	E.coli	dextranase	Aspergillus candidus
tannase	Aspergillus niger	melibiase	Mortierella vinacea
aminoacylase	Aspergillus oryzae	penicillinase	Bacillus cereus Bacillus subtilis
uricase	Candida utilis	cholesterol oxidase	Brevibacterium sterolicum

자료 : 김상순 외(1992). 식품학. 수학사.

는 균주가 요구된다. 공정에서는 적절한 배지의 조성, 통기, 교반, 온도, pH 등을 잘 검토하고, 또 잡균의 혼입이 없게 충분한 관리가 필요하다.

효소공업으로 중요한 것은 아밀라아제, 프로테아제, 펙티나아제, 셀룰라아제 등이며, 효소의 생성에 이용되는 미생물의 종류는 많으나 곰팡이, 세균, 효모, 방사선균 등이 쓰인다.

식품과 관련된 주요한 미생물 효소 제제는 프로테아제, 응유효소, 펙티나아제, 리파아제, naringinase, hesperidinase, asparaginase, penicillinase 등인데 이에 대한 급원 미생물은 표 7-6과 같다.

2) 고정화 효소와 고정화 미생물

고정화 효소는 고체 촉매화된 효소를 말한다. 일반적으로 효소반응은 효소를 물에 녹여 기질에 작용시키는 것으로 반응양식도 보통 회분법으로 행하고 있다. 효소반응이 끝난 종료액 중에서 효소만을 변성시켜 회수한다는 것은 기술적으로 곤란하고 실제적으로는 반응액 중에는 아직도 효소활성이 남은 효소가 잔존하더라도 이것을 변성, 실활시켜 제거하고 반응생성물을 분리하므로 반응이 끝난 효소를 버리게 되어 비경제적이다. 또 물에 용해한 상태의 효소는 일반적으로 불안정하여 효소반응을 일으키는 알맞은 조건에 두어도 비교적 빨리 실활하므로 반응시간의 경과와 더불어 반응속도가 저하되는 결점도 있다. 그러나 만약 효소가 가진 특이적인 촉매활성을 가진 그대로를 물 불용성의 효소표품, 즉 고체촉매화효소를 만들어 column에 채우고 기질용액을 흘리면 연속효소반응도 가능하다. 즉, 특이성이 높은 생체촉매인 효소를 일반의 고체촉매와 같이 취급할 수 있으므로 효소의 공업적 이용방법으로서는 아주 유리할 것이다. 이와 같은 불용화 효소는 일종의 modified enzyme으로 생각되어 단백질의 구조와 효소활성의 관계 혹은 반응속도 기구를 해명하는 수단으로써 아주 유효하다고 생각된다.

표 7-7 **고정화 효소의 종류**

방 법	특 징
담체결합법	물 불용성의 담체에 효소를 결합시키는 방법
가교법	효소단백질을 2개 관능기를 가지는 시약과 반응시켜 가교하는 방법
포괄법	효소를 젤(gel)상 격자 중에 집어넣거나 polymer의 피막으로 싸는 방법

2편

발효식품의
실제

8장 콩 발효식품

우리나라를 대표하는 전통 발효식품 중 빼놓을 수 없는 것으로 장류를 들 수 있다. '장'이라고 하면 좁은 뜻으로는 액체 상태인 간장을 뜻하며, 넓게는 간장·된장·청국장·막장·즙장·고추장 등을 통틀어 일컫고 이들을 장류(醬類)라고 한다. 장류는 우리만이 가지고 있는 것이 아니고 동양의 고유한 발효식품이다. 식물성 단백질을 많이 함유한 콩에 적당한 소금 농도를 가해서 미생물의 작용으로 분해하여 육류와 같은 구수한 향미를 내게 하였기 때문에 조미료가 되는 동시에 저장성이 좋다. 이와 같은 가공 발효식품인 장은 일본, 중국의 동반부, 인도네시아, 말레이시아 등에도 분포되어 장류 문화권을 이루고 있다. 우리 민족만이 느낄 수 있는 장은 곧 우리 식문화의 뿌리요, 국제화 시대를 살고 있는 현대 식생활뿐 아니라 우리 민족의 정서와 사고방식의 원천이 되어왔다.

장의 제조 기원은 정확히 밝힐 수 없다. 우리나라의 기록을 살펴보면 《삼국사기》 신문왕 3년(683)에 왕비의 폐백품목에 장과 시가 포함되어 있어 기록상의 장은 콩의 역사에 비해 그다지 길지 않다. 그러나 《삼국지》의 고구려인의 장 담그기에서 그 기원을 살펴볼 때 3세기경에는 장 담그기가 이미 행해지고 있었음을 알 수 있다. 또 조선 영조 때의 고증학자 한치윤(韓致奫)이 《해동역사(海東繹史)》에서 《신당서(新唐書)》를 인용하여 발해의 명산물로 '시(豉)'를 들고 있어 이를 뒷받침해 주고 있다. 한편 안악 3호 고분 벽화에도 발효식품을 갈무리한 것으로 보이는 우물가의 독이 보인다. 이후 고려에는 《고려사》·《동국이상국집》에 장의 존재가 확인되고 있으며, 가공업의 발달에 의한 장류 및 발효식품이 더욱 다양해졌다. 고려 현종 9년(1018)과 문종 6년(1052)에 굶주린 백성을 위한 구황식품으로 장을 배급했다. 조선 시대에는 여러 문헌에 장의 제조법이 상세히 실려 있다. 《구황촬요(救荒撮要)》(1554)의 콩과 밀가루를 원료로 한 간장과 된장 만드는 방법을 비롯하여 《주방문(酒方文)》(1600년 말), 《고사신서(攷事新書)》(1771), 《산림경제(山林經濟)》(1715), 《규합총서(閨閤叢書)》(1815) 등 음식에 관한 기록이 있는 모든 문헌에 메주 제조법, 택일하는 법, 즙장(汁醬), 태장(太醬), 육장(肉醬), 급히 쓰는 장, 잘못된 장 고치는 법 등 여러 장 제조법이 실려 있다. 조선 시대에는 메줏가루에다 조선 중기 이후 도입된 고추를 이용한 만초장(고추장) 제조법을 새로 선보이면서 고기와 생선들을 곁들여 담근 청육장, 어육장을 비롯한 다양한 종류의 장류와 향초장, 별미장을 제조하여 독특한 장문화를 뿌리내렸다. 그러나 지금은 고도의 산업화에 밀려 오히려 장류의 종류 및 담금법 등이 단순화되어 가고 있어 옛 모습의 장 담그기를 찾아보기 어려워졌다.

'장(醬)' 이란 글자는 중국의 《주례》에 처음 등장한다. 그러나 이때의 장은 콩으로 만든 장이 아니라 고기를 재료로 한 육장이다. 따라서 중국의 초기의 장은 육장으로 추정된다. 콩으로 만든 장은 우리나라에서는 이미 삼국 시대에 보편화된 발효식품이었다. 《해동역사》에서는 발해의 책성의 명산물로서 시(豉)를 들고 있다. 발해는 고구려 유민들이 세운 나라다. 또 《설문해자(說文解字: 중국의 사전)》에 의하면 "'시'는 배염유숙(配塩 幽菽)이다."라고 하였다. 숙(菽)은 콩을 가리키고 유(幽)는 어두울 유이니 콩을 어두운 곳에서 발효시켜 소금을 섞은 것, 즉 청국장 형태라고 할 수 있다. 이 '시' 가 중국으로 건너가 콩으로 만든 장의 문화를 싹틔우게 하였다. 중국 진(晉)대의 문헌인 《박물지(博物志)》에 외국에 '시' 가 있다고 하였으며, 《본초강목》에도 '시' 는 외국산이라고 되어 있다. 중국에는 실제 '豉' 란 자가 한(漢)대에 나타나며, 방언에 '시' 가 나온다.

한편 중국에서는 '시' 의 냄새를 고려취(高麗臭)라고 하였다. 《증보산림경제》에서는 '末醬' 이라 기록하고 이것을 '며조' 라고 하였다. 이 말장은 본디 장을 말한 것이나 후에 메주를 가리키게 되었다. 한편 이 말장이 일본으로 건너가 '미소' 라고 했다는 기록이 보인다. 일본 《정창원문서(正倉院文書)》 天平 11년(739)에 말장을 미소라고 읽고 있으며, 또 다른 《동아(東雅)》의 장조(醬條)에 고려의 장인 말장이 일본에 들어와서 그 나라 방언 그대로 미소라고 읽는다고 기록되어 있다. 간장의 간은 소금기의 짠맛(salty)을 의미하고 '艮醬' 으로 쓰기도 한다. 맑은 햇장을 청장(淸醬), 그 다음의 것을 중장, 해를 거듭해 묵은 장은 진장(陳醬), 맛이 좋은 묵은 장을 진장(眞醬)으로 표현한다. 《규합총서》에서는 한글인 '지령'으로, 《훈몽자회(訓蒙字會)》에서는 '근쟝'으로 표기되어 있다. 서울말로는 '지럼'이라고 하였다고도 한다. 된장의 된은 '되다(hard)'의 뜻이 담겨 있으며, 토장이라고도 한다. 청국장은 《명물기략》에 의하면 '두시(豆豉), 속(俗) 청국장'이라고 하였다. 《증보산림경제》에서 청국장을 '전시장법(煎豉醬法)', 속칭 전국장(戰國醬)이라 하였다. '시'는 발해의 변방인 책성을 지키는 병사들의 군량이었던 데서 비롯된 명칭인 것으로 보아 전장 식품이었을 것으로 추측할 수 있다. 이러한 기록으로 보아 우리나라의 콩 발효식품은 상당히 길고 오랜 역사를 지녔으며, 두장·육장의 문화가 공존하였으나, 오늘날에는 콩 발효식품이 두드러지게 발전되었음을 알 수 있다.

1. 메 주

전통메주

★ 재 료

대두 16kg(1말 기준), 물

★ 만들기

1. 메주콩은 굵은 햇콩을 구입하여 돌과 벌레 먹은 것을 골라내고, 깨끗이 씻어 여름에는 8시간, 겨울에는 20시간(보통 12시간) 정도 물에 담가 불린다.
2. 물에 불린 콩은 조리나 바구니를 이용하여 콩 껍질, 돌멩이, 기타의 불순물을 가려낸 후 다시 한 번 깨끗이 씻어 물기가 빠지도록 소쿠리에 받쳐 놓는다.
3. 솥에 불려 놓은 콩과 물을 넣고 2시간 정도 푹 삶는데, 끓어 넘쳐도 뚜껑을 열지 말고 삶아 잘 익히도록 한다. 이는 콩을 삶는 과정에서 솥 내부의 수증기 압력으로 뚜껑이 벗겨져 설익는 것을 막기 위해서이며, 솥뚜껑 위에 무거운 것을 올려 삶기도 한다.
4. 전통적으로는 돌절구나 맷돌을 이용하여 콩알이 안 보이게 곱게 찧는다. 그러나 요즘은 시간 절약을 목적으로 분쇄기를 사용하기도 한다.
5. 네모 모양이나 둥근 원추 모양의 메주 틀에 베보자기를 깔고 찧어 놓은 메주를 눌러 담는데, 가끔 탕탕 치면서 속이 꽉 차이도록 하여 메주 형태를 완성시킨다(콩 1말이면 4~6개의 덩어리가 적당하다).

6. 형태가 완성된 메주는 짚을 깔고 10여 일간 꾸덕꾸덕하게 말려 열십자(十)로 묶고 끈을 달아서 매달아 약 8~10주간 말리면서 자연 발효시킨다. 메주를 띄울 때 10일에 한 번씩 꺼내 통기시키고 햇볕을 쐬어서 환기시킨다.

7. 건조가 끝난 메주는 안방이나 건조실로 옮겨져 발효를 시켜야 하는데, 맨 밑바닥에 짚을 깔고 그 위에 메주를 놓고, 메주 위에 다시 짚을 까는 방법으로 층층이 쌓아 둔다. 소량일 때는 가마니에 담아 보관한다.

8. 발효가 끝난 메주를 통풍이 잘 되는 곳에 저장했다가 사용한다.

발효가 되어 잘 띄워진 메주는 흰 색이면서 갈색 빛을 띠며, 흰 곰팡이가 겉으로 나온 것이 좋고 속은 황갈색이 좋다. 메주가 잘 띄워져야 장맛이 좋은데, 메주가 검은 색을 띤 것은 잡균이 부패를 일으킨 경우로 장 담갔을 때 쓰고 짜다.

개량메주

✱ 재 료

대두 20~40kg, 누룩곰팡이(*Aspergillus oryzae* 및 *Aspergillus soijae*) 50g

✱ 만들기

1. 콩을 잘 씻어 물에 8~10시간 불린 다음 솥에 삶거나 찜통에 찐다.

2. 삶거나 찐 콩의 콩물을 빼고 30~35℃로 식힌다.

3. 찐 콩에 누룩곰팡이(황국균)를 넣어 골고루 잘 혼합한다.

4. 재래식 방법으로 콩을 찧어 일정한 모양으로 덩어리 메주를 만든다. 얇을수록 좋은 메주가 된다.

5. 이렇게 만든 메주덩어리를 따뜻한 곳(20~25℃: 온돌방 등)에 종이를 깔고 서로 닿지 않게 나열하고 보온하면, 6~12시간 안에 흰곰팡이가 생기기 시작한다.

6. 이때 과열(38℃ 이상)되지 않도록 자주 뒤집어 주며, 3~4일 정도 경과하면 흰색의 곰팡이가 황록색으로 변한다. 그것을 10일 정도 그대로 방치하든가, 한데 쌓아 두면 덩어리 메주가 된다.

개량 메주는 순수하게 배양된 단백질과 전분 분해력이 강한 황국균을 접종시켜 단시일 내에 제조할 수 있는 방법으로 간장, 된장, 고추장, 막장 등의 제조에 이용된다. 연중 어느 때나 제조할 수 있으나 2~5월, 10~12월 사이에 만드는 것이 가장 적당하다.

떡 메주

✱ 재 료

대두 2kg, 멥쌀 1.5kg

✱ 만들기

1. 흰콩은 깨끗이 씻어 12시간 정도 충분히 불려 소쿠리에 건져 놓는다.
2. 쌀은 하루 전 날 물에 불려 가루로 빻아 체에 내려 놓는다.
3. 시루에 콩을 쪄내고, 이어 백설기를 쪄낸다.
4. 절구에 찐 콩과 백설기를 넣고 찧어 구멍떡을 만들어 겉물이 마르면 볏짚을 깔고 떡 메

주 한 켜, 짚 한 켜씩 층층이 쌓아 띄운다. 2~3일에 한 번씩 열어보아 곰팡이가 피어 하얗게 옷을 입으면 바람을 쏘인 후 다시 시루에 쌓아 띄운 후에 햇볕에 바싹 말린다.
5. 고추장 만들 때 가루로 빻아 사용한다.

2. 간 장

재래 간장

✱ 재 료

메주(띄운 것) 10kg, 물 40L, 소금(호렴) 12kg, 붉은고추(말린 것) 10개, 대추 10개, 참숯 6덩이

✱ 만들기

1. 간장을 담그려면 먼저 항아리를 깨끗하게 씻고 소독을 해야 한다. 장항아리는 입이 크고 유약을 바르지 않아 광택이 없는 것으로 골라 깨끗이 씻고 물을 부어 우려낸 후 물기를 뺀다.
2. 솥에 물을 조금 붓고 청솔가지를 꺾어 넣고, 걸렁쇠를 얹어 항아리 입구가 밑으로 오도록 거꾸로 엎어 불을 지펴서 청솔가지의 향기가 수증기로 항아리 속에 들어가게 소독을 한다. 청솔가지가 없으면 짚, 한지를 독에 넣고 태워 소독해도 된다.
3. 분량의 물에 소금을 미리 풀어 놓고 소금물이 맑아지면 고운 겹체에 내려서 준비해 놓는다.

4. 메주는 솔로 닦아 물에 깨끗이 씻어 곰팡이와 기타 지저분한 것을 제거한 후 두서너 조각으로 쪼개서 볕에 말려 물기를 없앤다.

5. 항아리에 손질한 메주를 넣고 미리 준비한 3의 소금물을 붓는다. 소금물의 농도는 17~19보오메(°Be) 정도가 적당한데, 메주덩어리가 위로 떠오르면 염도가 적당하다.

6. 간장을 담근 지 3일이 지나면 숯을 달궈서 넣고, 깨끗이 닦은 붉은고추를 넣는다. 이것은 간장의 잡냄새를 없애고 균의 번식도 방지하기 위함이다.

7. 항아리 뚜껑은 삼베나 모시로 망을 씌워 햇볕이 잘 드는 양지쪽에 놓고 아침에는 뚜껑을 열어 놓고 밤에는 뚜껑을 덮어 약 3개월간 익힌다. 항아리에 빗물이 들어가면 장이 상하게 되므로 물이 들어가지 않도록 한다. 맛이 우러나면 간장색이 까맣게 된다.

8. 간장을 뜰 때는 메주가 부서지지 않게 용수를 박아 맑은 장국을 떠내고, 간장에 남은 메주 건더기는 따로 걸러 된장을 만들고 간장만 솥에 붓고 달인다.

9. 일찍 담은 장은 소금이 적게 들며 보통 두 달 후에 달이고, 늦게 담근 장은 그보다 소금이 많이 들며 한 달 후에 달여야 장맛이 난다.

10. 달일 때는 뭉근하게 오래 끓이면서 거품을 걷어내고, 어느 정도 졸아들면 항아리에 붓는다.

11. 햇볕이 좋고 통풍이 잘 되는 곳에서 아침에는 뚜껑을 열고 저녁에는 닫아 줌으로써 발효·숙성이 잘 이루어지도록 한다.

- 간장 담글 때의 물의 분량은 메주콩 1에 대하여 물은 4~5배로 한다.
- 소금은 간장을 담그는 계절에 따라 조절해야 한다.

월 별	물과 소금의 양
2월경	물 20L에 소금 6kg
3월경	물 20L에 소금 7kg
4월경	물 20L에 소금 9kg

- 간장은 보통 음력 1~3월에 담그는데, 문헌에 보면 4~5월까지는 담갔다고 한다. 또, 담그는 시기에 따라 소금의 양이 달라지는데, 여름에는 소금 농도를 짙게 한다.
- 간장 보관 시 뚜껑은 모시, 삼베로 씌워 양지에 볕을 쬐어 주는데, 장맛이 좋으려면 3년이 지나야 좋다. 또, 메주덩어리를 꺼내고 새로 띄운 메주를 매년 반복해서 3회 넣어 주면 맛있는 간장이 되는데 이를 겹장이라고도 한다.
- 정월, 우수, 경칩에 담는 장은 소금 농도를 조금 낮게 담그며, 구더기나 곰팡이가 생기지 않으며 깊은 맛이 난다. 늦은 봄에 담는 장은 소금 농도를 조금 높게 담가야 하며, 구더기나 곰팡이가 필 우려가 있으므로 장독 관리를 잘 해야 한다. 별미로 담는 가을장은 이런 면에서 안정성이 있다.
- 소금물의 농도를 맞출 때 염도계가 없으면 밥을 도토리만큼 뭉쳐서 소금물에 넣어 보고 한 뼘만큼 내려가면 적당하고, 밑으로 더 내려가면 싱거우므로 소금물을 더 진하게 한다.

개량간장

✱ 재 료

개량 메주 5kg, 물 10L, 소금(호렴) 4.2~5.2kg, 붉은고추 5개, 대추 10개, 참숯 3덩이

✱ 만들기

1. 잘 띄워진 개량 메주를 구입하여 메주에 섞인 이물질을 골라 낸 다음, 햇볕에 바짝 말린다.
2. 콩알이 뜨지 않도록 메주를 마사(麻絲)자루나 헝겊자루에 담아서 소금물에 담는다. 그밖의 방법은 재래 메주로 담그는 장 담그기와 동일하다.

진간장

✱ 재 료

간장(메주 건더기를 건져 낸 것) 2L, 검은콩(볶은 것) 130g, 멸치 100g, 다시마 20g

✱ 만들기

1. 메주를 건져 낸 간장에 위의 재료를 넣고 푹 달이면 색이 진하고 맛 있는 진간장이 된다.
2. 간장을 넉넉히 담가 두었다가 4~5년을 묵혀 새까맣게 변하면 그대로 진간장이 된다.

무장

✱ 재 료

메주 2kg, 물 4.5L, 소금(호렴) 500g

✱ 만들기

1. 메주는 솔로 박박 문질러 깨끗이 씻은 후 달걀 하나 크기만큼 조각을 내서 햇볕에 바짝 말린 다음, 항아리에 차곡차곡 넣는다.
2. 물을 끓여서 식혀 항아리에 붓고 10일 정도 재워 놓는다.
3. 홍차 색깔의 장물이 생기면 건더기를 꼭 짜서 그 국물에 소금 간을 한 다음, 냉장고에 보관해 두고 먹는다.

- 간은 무 맑은장국의 간처럼 슴슴하게 나와야 하며, 금방 상할 수 있으므로 바로 먹는다.
- 무장에 밥을 말아 비벼서 편육과 함께 먹으면 맛이 좋다.
- 된장(무장 건더기)은 달래, 굵은 파를 넣고 한번 우루루 끓여서 먹으면 텁텁하지 않고 된장덩어리를 먹어도 담백하며 성인병 예방에도 좋다.

3. 된 장

1) 재래 된장

재래 된장은 예로부터 가정에서 만들어 온 방법으로, 콩으로 메주를 만들고 이것을 소금물에 담근다. 대체적인 발효가 끝나면, 메주덩어리를 걸러내어 액체 부분은 간장으로 만들고, 찌꺼기에는 소금을 더 넣어 다른 항아리에 재워 두면 재래 된장이 된다.

메주를 만들었을 때의 1/10에 해당되는 콩을 삶아 찧어 두었다가 소금으로 간을 맞추어 함께 섞어 넣어 담그면 맛이 더욱 좋다. 이때 메주 : 소금 : 물 = 1 : 2 : 4의 비율이 좋다. 새 항아리에 담을 때는 공기가 들어가지 않도록 꼭꼭 눌러 담고, 맨 위에 소금을 두껍게 뿌린다. 이때 소금은 균에 의한 부패 방지효과가 있다. 항아리를 고를 때는 너무 크지 않은 것이 좋으며, 된장이 항아리 입구 부분까지 차 있어야 햇볕을 많이 받을 수 있어 숙성이 잘되고, 변질이 되지 않는다.

재래 된장 만들기 1

✱ 재 료

메주 7.2kg, 물 4.5L, 보리 480g, 메줏가루 240g, 소금 650g, 붉은고추 10개

✱ 만들기

1. 정월에 잘 뜬 메주는 솔로 박박 문질러 깨끗이 썻은 후 달걀 하나 크기만큼 조각으로 쪼개서 햇볕에 바짝 말린다.
2. 물은 팔팔 끓여 식혀 놓는다.
3. 바짝 말린 메주를 항아리에 차곡차곡 넣고 소금 3½컵을 넣고 끓여 식힌 소금물을 메주가 잠길 정도로 자작하게 붓고, 꼭꼭 눌러 10일 동안 재워 놓는다.

4. 10여 일이 지나면 장물이 촉촉하게 생기고 메주가 부드럽게 불려진다. 이것을 큰 그릇에 쏟아 손으로 주물러서 고슬고슬하게 풀어 놓고, 너무 치대면 떫고 끈끈해지므로 주의한다.

5. 보리를 깨끗이 씻어 8시간 정도 물에 담갔다가 보리죽을 쑤고 한김 나가면 여기에 소금 1컵을 넣어 된장의 간을 한 후, 분량의 메줏가루를 넣고 잘 저어 섞어 놓는다.

6. 4에 5를 넣고 손으로 고루 섞어 잘 혼합하여 맛이 싱거우면 소금 약 $\frac{1}{2}$컵 정도를 더 넣어 간을 맞춘다.

7. 항아리에 담을 때 된장 사이사이에 맵고 붉게 말린 통고추를 넣어 꼭꼭 눌러 담고 맨 위에 웃소금을 뿌려 봉해 둔다.

- 된장을 담근 지 40일간은 발효를 충분히 시켜야 하므로 뚜껑을 활짝 열어 주지만, 40일이 지나 발효가 충분히 되면 뚜껑을 1/3만 열어 둔다. 매일 뚜껑을 열어 햇볕을 쐬면 수분이 증발하여 건조된다.
- 습기가 찬 날은 뚜껑을 열지 않고 항아리 뚜껑 속에 맺힌 이슬을 닦아주어 이슬이 장에 떨어지지 않도록 주의한다.
- 된장 중간중간에 맵고 붉게 말린 통고추를 얹으면 방부(防腐)작용도 하고, 맛이 칼칼하여 된장의 맛을 돋워 준다. 보리죽을 넣었으므로 맛이 약간 새콤하다.

재래 된장 만들기 2_간장을 걸러내고 남은 된장

★ 재 료

메주 8kg(간장을 걸러내고 남은 것), 소금 300g

★ 만들기

1. 간장을 떠내고 남은 메주를 잘 섞어서 항아리에 꼭꼭 눌러 담고, 위에 하얗게 웃소금을 골고루 뿌린다.

2. 얇은 헝겊으로 밀봉하여 낮에는 뚜껑을 열어 햇볕을 쪼이고 밤에는 뚜껑을 닫는다.

재래 된장 만들기 3_메주를 이용한 된장

✱ 재 료

메주 8kg, 물 10L, 소금 1.3kg

✱ 만들기

1. 잘 띄워진 메주는 솔로 박박 문질러 닦아 물에 깨끗이 씻은 후 적당히 쪼개어 볕에 말린다.
2. 소금을 미리 물에 풀어 겹체에 밭쳐 맑은 소금물을 준비한다.
3. 준비한 메주를 항아리에 차곡차곡 담고 메주가 잠길 정도로 자작하게 물을 붓고 꼭꼭 눌러 한 달 정도 둔다.
4. 한 달 후 물이 배어들어 딱딱한 메주가 부서지기 쉬울 정도로 부드럽게 되면, 메주를 고루 주물러 덩어리가 없게 한 후, 항아리에 켜켜로 소금을 뿌려서 담고 꼭 봉해서 익힌다. 낮에는 뚜껑을 열어 햇볕을 쪼이고 밤에는 뚜껑을 닫는다.

된장을 담고 남은 찌꺼기 간장은 버리지 말고 마늘·오이·가지·더덕·깻잎 등을 넣어 눌러 두었다가 알맞게 간이 들면 다시 된장, 고추장에 박아 장아찌를 만들어 밑반찬으로 이용한다.

2) 개량 된장

개량 된장 만들기 1_개량 메주를 만들어서 된장 담그기

개량 된장은 쌀이나 보리쌀과 같은 전분질 원료에 단백질과 전분질을 잘 분해시키는 미생물로 알려진 *Aspergillus oryzae*를 인공적으로 접종, 배양하여 코지를 만든다. 여기에 삶은 콩과 소금을 혼합하여 숙성시킨 다음 마쇄하여 된장을 만든다.

된장 코지(koji) 만들기

쌀이나 보리를 깨끗이 씻어 봄에는 2~3시간, 여름에는 30~40분 정도가 물에 불린다. 물기를 제거한 후 찜통에 찐 다음, 김이 오른 후 1~1.5시간 지나면 꺼내어 40℃의 방 안에서 식힌다. 종국 섞기 및 쌓기는 보리쌀 1말(18L)당 누룩곰팡이 100~150g을 30℃ 되는 온돌방에 3~4cm 두께로 쌓아 보자기로 위를 덮는다. 1차 손질로 12시간 후에 헤쳐서, 2차 손질로 두 번째 헤치기를 한 다음 바꿔 쌓는다(품온은 35℃로 떨어뜨리기 위해 코지를 위아래로 바꿔서 쌓는다. 이때 노란색의 홀씨가 생긴 후 18시간 뒤에 꺼내어 출국한다).

담 기

대두를 깨끗이 씻어 여름에는 6시간, 겨울에는 20시간 정도 불린다. 약한 불로 충분히 무르도록 삶는다. 냉각하여 소금에 재워 둔 보리 코지와 함께 버무린다. 겨울에는 10일, 봄이나 가을에는 7~8일, 여름에는 4일 정도 독에 넣어 잰다. 1차적으로 재기가 끝나면 절구에 넣어 대강 으깨거나 분쇄하여 잰다.

숙성(익히기)

한철을 넘긴 뒤에야 맛 좋은 된장을 먹을 수 있다. 이때 소금의 양이 적을 경우 된장에서 신맛이 난다.

✱ 재 료

> 쌀 4kg, 콩 4kg, 소금 2.6kg, 물 4L, 황국 5g

✱ 만들기

1. 쌀을 깨끗이 씻어 12시간 정도 물에 담갔다가 찜통에 넣고 찐다.
2. 잘 찐 고두밥을 30℃ 정도로 식힌 후 누룩곰팡이를 넣고 버무려 채반이나 소쿠리에 꾹꾹 눌러 담고 마르지 않게 보를 덮어서 더운 방에 둔다.
3. 이틀이 지나면 표면이 노릇노릇하게 뜨게 되는데, 이때 얄팍한 상자에 담아 아래위를 섞어 주면서 띄운다.
4. 5일 정도 지나 노랗게 뜨면 꺼내어 소금을 조금 섞어서 잠깐 말렸다가 찧는다(쌀 대신 보리를 써도 된다).
5. 콩을 깨끗이 씻어 12시간 정도 물에 불려 은근한 불에 삶아 메주를 쑨다. 잘 익으면 곱게 찧는다.
6. 쌀국자와 삶아 찧은 콩을 함께 섞는다. 여기에 4L의 물을 끓여 소금을 넣고 식혀서 부어 농도를 맞춘 다음 항아리에 담고 웃소금을 뿌려 익힌다.

개량 된장 만들기 2 _개량 메주를 만들어서 된장 담그기

✱ 재 료

> 보리 4kg, 개량 메주 4kg, 소금 3.4kg, 물 7L

✱ 만들기

1. 보리쌀을 12시간 물에 불린 다음 찜통에 30분간 찐다.
2. 찐 보리쌀을 헤쳐가며 식힌 후 누룩곰팡이를 버무려 놓는다.
3. 따뜻한 곳에 보관하여 누룩곰팡이가 피기 시작하면, 보리쌀이 마르지 않도록 젖은 천으로 덮어 준다. 2~3회 정도 뒤집어 주고 온도를 따뜻하게 유지하여 보리메주를 만든다.
4. 3의 보리쌀에 황록색 균이 피면 햇볕에 말린다.
5. 메주를 깨끗이 손질하여 12시간 정도 불린 후 부서지기 쉬울 정도로 부드럽게 되면, 말린 보리메주 · 메주콩 · 소금 · 물을 함께 넣어 찧어서 항아리에 꼭꼭 눌러 담아 두고 익으면 먹는다.

> • 보리된장 만들기는 어렵지 않아 간단하게 가정에서 만들 수 있는 된장이다.
> • 보리된장의 맛은 구수하고 달다. 된장이 신맛이 나면 소금을 첨가하여 섞어 두면 개선된다. 신맛이 원인은 소금이 덜 들어갔을 때와 콩과 메주의 수분량이 지나치게 많을 때, 콩이 푹 무르지 않았을 때, 원료의 혼합이 불충분할 때 등의 원인이 있다.

3) 응용

✱ 재료

> 된장 6큰술, 고추장 2큰술, 고춧가루 2작은술, 다진 고추 2큰술, 다진 마늘 1큰술, 설탕 2작은술, 청주 1큰술, 깨소금 2작은술, 참기름 1큰술

• 재료를 모두 섞어서 삼겹살이나 각종 쌈에 곁들이는 매콤한 된장 쌈장으로 고추장과 고춧가루, 다진 마늘을 넣어 기름진 고기요리에 이용한다.
• 삼겹살구이와 여러 가지 쌈에 이용한다.

4. 청국장

청국장류는 동아시아의 독특한 문화로서 소금을 첨가하지 않고 콩을 속성으로 발효시킨 무염 대두 발효식품으로 대표적인 것은 청국장(한국), 낫또(일본), 키네마(네팔), 템페(인도네시아) 등이 있다. 우리나라의 남부지역인 경상도와 전라도에서 늦가

을부터 겨울 동안 많이 만들었다.

청국장은 콩을 보통 메주콩처럼 삶아서 60℃ 정도로 냉각시킨 다음 나무상자나 소쿠리에 담는다. 이를 볏짚으로 덮고 따뜻한 곳에 두어 45℃로 유지시키면 2~3일 후에 점질이 생긴다. 콩이 식기 전에 소금, 마늘, 고춧가루, 파를 넣고 찧어서 단지에 꼭꼭 눌러 담으면 청국장이 된다. 청국장은 집집마다 맛의 차이가 있는데 그것은 볏짚의 균이 좋고 나쁨에 차이가 있기 때문이다.

1) 청국장 만들기 1

1. **콩 고르기**   청국장을 담글 때는 소립종(중간크기 정도의 콩)을 고르는 것이 좋으며 맛도 좋다.

2. **콩 씻기 및 불리기**   잘 선별한 대두는 깨끗이 씻은 다음 물에 불린다. 이때 콩 부피의 3배 이상의 물을 붓고 12시간 정도 불리는 것이 좋다.

3. **콩 삶기**   물을 붓고 푹 삶거나 뜨거운 김을 이용해서 압력 밥솥으로 찌기도 한다.

4. **균 접종하기**   청국장의 종균으로는 깨끗한 볏짚을 이용하거나 이미 만들어진 청국장을 사용하기도 한다. 전통적인 방법으로는 삶은 콩을 볏짚과 섞어 주는 자연접종을 하는데, 볏짚 내의 균이 삶은 콩으로 이동하여 콩을 발효시킨다. 삶아 둔 콩이 식기 전에 대바구니나 면 보자기의 바닥에 볏짚을 깔아 그 위에 뜨거운 콩을 담거나 콩 사이사이에 볏짚을 잘라 꽂아 주면 된다.

5. **발효시키기**   삶은 콩에 볏짚을 잘라 넣은 뒤에는 약 40℃의 온도와 80% 정도의 습도를 유지시켜 주도록 한다. 40℃ 정도의 온도를 유지하기 위해서는 따뜻한 방에서 이불을 덮어 두거나 전기장판에 올려놓은 뒤 이불을 덮어 주어도 된다.

온도와 습도 등 발효조건이 잘 맞았을 경우에는 하룻밤 만에도 발효가 되기는 하나 보통은 2~3일 지나야 제대로 발효가 된다. 2~3일 후 청국장 또는 냄새가 나고 콩 표면의 갈색이 진해지고 숟가락 등으로 떴을 때 하얀 실이 생기면 발효가 된 것이다. 실이 많이 생길수록 발효가 잘 된 것이다. 너무 오래 발효시키면 암모니아 냄새가 심해지므로 실이 생기는 정도와 냄새로 발효 종료시점을 결정하면 된다.

6. **가공하기**   발효시킨 청국장을 생으로 먹을 경우에는 이 과정이 필요치 않다. 그냥

하루에 적당한 양을 정해 놓고 숟가락으로 떠서 먹으면 된다. 하지만 찌개 등으로 끓여 먹는 경우라면 소금이나 양념을 한다.

발효가 끝난 청국장은 나무 주걱을 이용하여 고루 섞은 후 절구에 넣고 찧어 준 다음 소금, 마늘, 고춧가루 등으로 식성에 맞게 양념을 해서 보관하면 된다. 이때 소금의 첨가량은 1~2% 정도면 된다.

2) 청국장 만들기 2

1. 대두를 12~18시간 정도 물에 불린다. 이때 여름에는 물에 불리는 시간을 8시간 정도면 된다.
2. 1~2시간 정도 푹 삶는다. 이때 압력솥을 이용하면 시간을 단축할 수 있다.
3. 볏짚을 넣고 전기장판을 이용하여 40℃를 유지해준다. 볏짚이 없으면 그대로 발효시켜도 된다. 마르지 않도록 담요 등으로 잘 감싼 뒤, 전기장판 위에 올려둔다.
4. 2~3일 지나 청국장 뜨는 냄새가 나고, 삶은 콩의 색깔이 갈색으로 바뀌고 끈끈한 진이 나오면 청국장이 완성된다.

3) 응 용

• 청국장과 쌈된장, 마요네즈를 3 : 2 : 1의 비율로 만든다.
• 청국장을 김치에 버무려 먹는다.
• 뜨거운 밥에 달걀, 간장과 함께 비벼 먹는다.
• 요거트와 청국장을 섞은 다음 믹서기로 갈아 마신다.

4) 기 타

담북장

청국장의 가공제품으로서 국이나 찌개용으로 사용하며, 만드는 법은 청국장에 무채와 생강 다진 것, 굵은 고춧가루, 소금을 넣고 잘 섞은 후 상온에서 숙성시킨다. 용기를 햇빛에 두면 숙성이 촉진되며, 대체로 5~10일이 지나면 먹을 수 있다.

✱ 재 료

볶은 콩 3kg, 고춧가루 80g, 다진 생강 20g, 소금(호렴) 220g, 끓여 식힌 물 400ml

✱ 만들기

1. 볶은 콩은 껍질을 버리고 다시 푹 삶는다.
2. 삶아진 콩을 짚으로 깔고 덮어 더운 곳에서 2~3일 정도 띄운다.
3. 끈적하게 진이 나면 고춧가루, 소금, 생강, 마늘을 넣고 골고루 섞은 다음 끓여 식힌 물을 넣고 찧어 항아리에 꼭꼭 눌러 담아 약 10일 후에 먹는다.

- 메주와 같이 콩으로 띄운 것이지만 띄우는 기간이 짧아서 콩의 본 맛이 많이 남아 있다.
- 수시로 담가 먹을 수 있으며 찌개를 끓일 때 넣으면 구수하다.
- 다른 방법으로는 메주를 찧어 끓인 물을 식혀서 고추장보다 묽게 붓고 반불갱이(반만 붉은 것) 고추를 가루로 내어 넣고 10일 정도 익혀 먹기도 한다.
- 아주 소량을 만들 때는 재료를 1/4로 줄여서 담그면 알맞다.

막장

✱ 재 료

메줏가루 230g, 보리쌀 740g, 고춧가루(씨를 빼고 빻은 것) 60g, 고추씨 50g, 소금(호렴) 70g, 물 100ml, 엿기름물(엿기름가루 50g · 물 400ml) 200ml

✱ 만들기

1. 보리쌀은 깨끗이 씻어 12시간 정도 물에 담갔다가 건져 약간 질게 밥을 짓는다.
2. 메줏가루와 고춧가루는 거칠게 빻고, 고추씨는 곱게 빻는다.
3. 소금과 물을 미리 녹여서 준비한 후, 엿기름 거른 물, 메줏가루 · 보리쌀 · 고춧가루 · 고추씨 · 소금물을 함께 섞고 잘 버무린 다음 항아리에 꼭꼭 눌러 담아 7~10일 정도 두면 익는다.

- 막장을 묽게 하려면 밀가루풀 2컵과 엿기름가루 1/3컵을 잘 섞어서 넓은 그릇에 식힌 후, 약간의 소금을 넣고 막장을 모두 섞어 다시 버무린다.
- 고추씨 대신 고춧가루를 쓰기도 하고 고추씨를 빼지 않고 고추를 함께 빻아서 이용해도 된다.

집 장

✱ 재 료

찹쌀 1.6kg, 보릿가루 200g, 개량 메줏가루 160g, 엿기름가루 60g, 소금 약간
(고춧잎, 무청, 가지, 호박 등의 채소는 기호에 따라 적당량 넣는다)

✱ 만들기

1. 보릿가루는 물을 뿌려 버물버물하게 해서 찜통에 설기떡을 찐다. 그릇째 담요를 덮어 아 랫목에 3~4일 띄운다.
2. 잘 띄워진 보리설기떡은 쟁반에 펴서 잘게 부수어 가면서 단단하게 말린 후 갈아서 완전 히 가루로 만든다.
3. 엿기름가루는 가는 체에 쳐서 고운 가루만 사용한다.
4. 소금에 절인 고춧잎을 꼭 짜서 사용하고 보관 시에는 집간장에 넣어 돌로 눌러 놓는다.
5. 무는 굵은 채로 썰어서 소금에 절인 후 꼭 짜 준다.
6. 찹쌀로 죽을 쑤어 따뜻할 때 분량의 소금과 위의 재료를 모두 넣어 고루 섞은 후 오지 그 릇에 담아 그늘에서 5일간 삭혀 두었다가 먹는다.

- 전라도 집장은 경기도, 충청도보다 매콤하고 고소한 것이 특징이다.
- 소금은 굵은 소금을 오랫동안 볶아서 갈색이 된 것을 사용하면 좋다.

5. 고추장

고추장은 콩으로부터 얻어지는 단백질원과 구수한 맛, 찹쌀, 멥쌀, 보리쌀 등의 탄수 화물식품에서 얻어지는 당질로 영양은 물론, 단맛, 고춧가루로부터 붉은색과 매운 맛, 간을 맞추기 위해 사용된 간장과 소금으로부터는 짠맛이 한데 어울린, 조화미가 강조된 세계적으로 그 유래를 찾아보기 힘든 우리의 독특한 식품이다. 고추장은 조 선 시대 중엽 고추가 우리나라에 전래된 이후 고추 재배의 보급으로 일반화되면서 만들어지기 시작했으며, 된장을 만들던 콩 가공기술과 새로운 고추라는 식품이 만나 면서 그 시대의 퓨전음식이 되었다고 볼 수 있다.

서양의 드레싱은 채소류에 첨가하여 먹는 반면에, 우리 고추장은 채소류는 물론

각종 찌개와 양념으로 사용범위가 대단히 넓은 것이 특징이다. 고추장은 역사에 비해 많은 변화를 거듭하였고, 독특하고 자극적인 맛을 선호하는 현대인의 기호에 따라 그 쓰임새는 날로 늘어나고 있다.

예로부터 각 가정에서 재래식으로 된장, 간장과 함께 담가왔다. 고추장의 원료로는 녹말과 메줏가루, 소금, 고춧가루 등을 사용한다. 녹말로는 찹쌀가루와 멥쌀가루, 보릿가루, 밀가루 등을 사용해왔는데, 과학적으로 규명되지는 않았으나 찹쌀가루를 사용한 고추장이 가장 맛과 질이 좋다고 평가되고 있다.

고추장은 녹말이 가수분해되어 생성된 당의 단맛, 메주콩의 가수분해로 생성된 아미노산의 구수한 맛, 고춧가루의 매운맛, 소금의 짠맛이 잘 조화되어 고추장 특유의 맛을 내는데, 이들 재료의 혼합비율과 숙성과정의 조건에 따라 맛이 달라진다. 재래식 메줏가루를 사용하였을 때는 당화 또는 단백질 가수분해가 잘 이루어지지 않아서 맛이 잘 조화되지 않았다. 당화력과 단백질 분해력이 강한 국균으로 발효시킨 개량 메줏가루를 사용하면 훨씬 더 맛있는 고추장을 만들 수 있다.

최근에는 재래식 방법을 개량하여 엿기름가루를 물에 담가 아밀로오스 효소를 추출하여 그 물로 녹말을 반죽한 후 60℃ 이하의 온도에서 녹말의 일부를 당화시킨 다음, 녹말을 완전히 효소화시킨 후 메줏가루, 고춧가루, 소금을 넣어 버무리는 방법도 있다. 이 방법으로 담그면 고추장에 윤택이 나고 단맛이 더 강하다. 그리고 공업적으로 고추장의 속양법이 몇 가지 있는데, 그것은 재래식 방법과 같으나 재료에 납두균을 첨가하여 60~65℃에서 추가 숙성시키는 방법이다. 다른 방법으로는 밀이나 보리 등의 원료를 미리 곡류 고지분말로 만들고 여기에 콩고지, 고춧가루, 소금 등을 적당한 비율로 혼합하는 방법으로 2~3일 뒤에 먹을 수 있다.

1) 고추장의 종류

찹쌀 고추장

찹쌀 고추장은 찹쌀가루를 단자처럼 빚어서 끓는 물에 삶아 건진 후 방망이로 멍울이 생기지 않게 풀어서 고추장용 메주가루와 고춧가루를 넣어 굵은 소금으로 간을 하여 만드는 고추장이다. 일반적인 찹쌀 고추장은 찹쌀로 밥을 지어 메줏가루와 고춧가루를 섞는 방식이며, 소금과 간장으로 간을 한 후 엿기름과 설탕을 가미하여 맛을 낸다.

보리 고추장

보리쌀을 가루로 빻아 물을 조금 넣고 시루에 찐 후 미리 식힌 물을 조금씩 부어 되직하게 하여 시루에 담고 따뜻하게 하면 보리가 하얗게 뜨게 된다. 이때 넓은 그릇에 쏟아 고춧가루와 메줏가루, 소금을 넣고 섞는다. 단, 엿기름은 쓰지 않는다.

엿 고추장

엿기름 1되에 물을 붓고 주물러서 체에 거른 후 쌀 1말을 불려서 찐 다음, 엿기름 물을 풀어서 삭으면 불에 올려서 엿을 달인다. 식힌 후 고춧가루와 메줏가루를 넣어 버무리고 간을 맞춘다.

밀가루 고추장

밀가루를 엿기름 물로 풀어 불에 올려 삭으면 식힌 후 메줏가루, 고춧가루, 소금을 넣어 담근다.

고구마 고추장

경상도 지방은 예로부터 밀, 밀가루, 찹쌀로 고추장을 담그는 데 반하여 특이하게 고구마로도 고추장을 담근다. 삶은 고구마에 엿기름을 넣고 삭힌 후 베보자기에 넣고 짠 다음 물엿을 달이듯이 졸여 식힌 후 고춧가루, 메줏가루를 넣고 소금으로 간을 맞춘다.

2) 고추장 메주 만들기

✱ 시 기
음력 7월의 처서를 전후해서 만든다.

✱ 재 료

> 콩 2kg, 멥쌀 1.3kg
> • **배합비**: 콩 : 쌀 = 6 : 4가 가장 많고, 5 : 5, 4 : 6으로도 가능하다.

✷ 만들기

1. 대두를 깨끗이 손질하여 씻어서 3시간 정도 담가 둔다.
2. 쌀을 깨끗이 6시간 정도 담가 둔다.
3. 각각 물기를 거두고 콩과 쌀을 분쇄한다.
4. 잘 혼합하여 1시간 30분 정도 찐다.
5. 둥글둥글하게 만들어 짚으로 싸서 음지에 걸어 대기 중에서 발효한다. 이때 도넛 모양으로 성형하여 발효하기도 하고, 가루상태로 발효하기도 한다.
6. 한 달 정도 띄운 후에 3~4일 정도 완전히 건조한 후 마쇄한다.
7. 한 달 정도 띄워 잘 뜬 메주는 노란 곰팡이가 피는데, 잘라 보면 속이 노르스름하거나 하얗다.
8. 이것을 다시 조약돌만하게 쪼개어 3~4일 정도 햇볕에 말린 후 가루로 만들어 고운체로 쳐서 다시 3일 정도를 말린다.
9. 말린 메줏가루를 건조한 곳에 보관해 두었다가 음력 동짓달 중순에서 섣달 중순 사이에 길일을 택해 담근다.
10. 고추장을 담글 때는 물에 메줏가루를 버무려서 하룻밤을 재는데, 이 물을 끓였다가 식힌 후 이용한다.

3) 고추장 만들기

찹쌀 고추장

✷ 재 료

> 찹쌀 600g, 고운 고춧가루 1.2kg, 메줏가루 600g, 엿기름가루 900g, 소금(호렴) 300g,
> 물(끓여서 식힌 물) 8L

✷ 만들기

1. 찹쌀을 깨끗이 씻어서 물에 12시간 정도 불려 가루로 빻는다.
2. 분량의 물을 끓여서 45~60℃ 따뜻하게 식힌 후 엿기름가루를 풀어 잠시 두었다가 손으로 주물러 체에 걸러서 건더기는 꼭 짜서 버리고 엿기름 물은 가라앉힌다.
3. 큰 솥에 엿기름 물의 맑은 웃물만을 따라 붓고 찹쌀가루를 곱게 푼 다음, 불에 얹어 45℃ 정도(따뜻한 정도)로 덥혀지면 불을 끄고 내려 그대로 둔다.
4. 3을 불에 올려서 한소끔 끓으면 불을 약하게 하여 30분 정도 졸여 약 1/3 정도가 되도록 한다.

5. 넓은 그릇에 쏟아서 식힌 후 여기에 메줏가루·고춧가루를 넣고 고루 휘저어 섞어 하룻밤 둔다. 다음날 분량의 소금을 넣고 고루 저어 간을 맞춘다. 소금은 고추장 담그는 시기에 따라 더 넣기도 하고 덜 넣기도 한다.
6. 고추장을 항아리에 8부 정도 담고 위에 웃소금을 뿌린 다음, 얇은 헝겊이나 망사를 덮어 햇볕에 놓고 익힌다.

- 각 재료의 역할 : 메주는 단백질이 분해되어 아미노산의 구수한 맛을, 엿기름가루는 엿기름의 아밀라아제(amylase)가 당화를 촉진하며, 찹쌀가루는 찹쌀의 아밀로펙틴(amylopectin)을 말토오스(maltose)와 덱스트린(dextrin)으로 분해시킨다. 즉, 찹쌀전분의 가수분해로 단맛이 생성된다.
- 고추장이 익으면서 부글부글 끓어오르는 이유는 간이 싱거울 때 나타나는 현상이다. 또한, 싱거우면 고추장이 변질될 우려가 있으므로 소금 간을 알맞게 한다.
- 고추장을 맛있게 하려면 물대신 쇠고기 육수를 넣으면 맛이 좋다.
- 소금은 간수를 제거한 소금으로 하여야 장이 쓴맛이 없고 맛이 좋다.

4) 응 용

고추장 양념장

★ 재 료

고추장 1/2컵, 간장 3큰술, 설탕 3큰술, 물엿 2큰술, 마늘 2큰술, 청주 1큰술, 다진 생강 1/2큰술, 통깨 1큰술, 후추 1/2작은술

- 고추장에 설탕, 물엿을 넣고, 마늘, 생강, 청주 등 갖은 양념을 넣어 양념장으로 사용한다.
- 돼지고기볶음, 마른반찬볶음, 오징어, 낙지 등의 해물볶음에 이용한다.

무침용 초고추장

★ 재 료

고추장 3큰술, 설탕 3큰술, 고운 고춧가루 1큰술, 간장 1큰술, 식초 2큰술, 마늘 2큰술, 다진 생강 1/2큰술, 통깨 1작은술

- 매콤하게 맛을 내는 각종 무침을 조리할 때 사용한다.
- 오이무침, 도라지오징어무침, 골뱅이무침, 홍어회무침에 이용한다.

밀가루 고추장

밀가루 고추장은 일반적으로 많이 담가 먹는 고추장으로, 만드는 법은 찹쌀 고추장에서 찹쌀가루를 엿기름물에 풀어서 만드는 법과 동일하다. 이 고추장은 주로 찌개나 장아찌를 박는 데 적합하다.

★ 재료

> 밀가루 2kg, 고운 고춧가루 1.5kg, 메줏가루 1kg, 엿기름 물(엿기름가루 500g·물 2L) 1L, 엿기름가루 500g, 소금 1kg, 물 6L

★ 만들기

1. 밀가루 2kg에 물 4L를 섞어서 풀을 쑤어 60℃ 정도로 식힌다.
2. 식혜를 만들 때와 같은 방법으로 엿기름물을 만들어 체로 걸러서 준비한다.
3. 밀가루 죽과 엿기름 물을 오지그릇에 담고 고루 섞어 뚜껑을 덮어서 30분 정도 삭힌다.
4. 단맛이 나면 메줏가루와 고춧가루를 섞어 고루 버무린 다음 소금을 여러 번 나누어 간을 한다.

> 밀가루 고추장을 항아리에 담은 후 위에 웃소금을 뿌리고 망사나 헝겊으로 덮어서 햇볕에 놓고 익힌다.

보리 고추장

보리 고추장은 다른 고추장에 비하여 유난히 고춧가루가 많이 들어가 빛깔이 붉고 곱다. 또한 구수하고 오돌도돌 씹히는 보리맛이 고추장과 어우러져 맛있는 우리의 전통 장이다.

★ 재료

> 보리쌀 3kg, 고운 고춧가루 240g, 간장 1.8kg, 물 1L, 설탕 500g, 소주 180ml, 시판 코지(koji) 50g

★ 만들기

1. 보리쌀을 깨끗이 손질하여 씻어서 12시간 정도 물에 불려 건진 뒤 푹 삶는다.
2. 푹 무르면 오목한 그릇에 퍼서 40℃ 정도의 온도가 유지되도록 더운 곳에 보자기를 씌워 덮어 둔다.

3. 2~3일 후에는 곰팡이가 희게 피고 끈기가 생기는데, 이때 절구에 넣고 나머지 양념재료를 모두 넣어 찧으면서 끓여 식힌 물을 넣고 고루 섞는다. 이것을 항아리에 꼭꼭 눌러 담아 두고 먹는다.

호박 고추장

✱ 재 료

단호박 500g, 엿기름 물(엿기름가루 200g · 물 1L) 500ml, 메줏가루 100g, 고운 고춧가루 200g, 호렴 70g, 꽃소금 90g, 물엿 100g

✱ 만들기

1. 단호박은 껍질과 씨를 빼내고 얇게 썰어 준비한다.
2. 따뜻한 물에 엿기름가루를 넣고 잠시 두었다가 손으로 주물러 체에 걸러서 엿기름 물을 맑게 갈아 앉힌다.
3. 썰어 놓은 호박에 엿기름 물을 붓고 8시간 정도 약한 불에서 끓인다.
4. 다 끓으면 뜨거운 상태에 메줏가루를 넣고 섞는다.
5. 위의 재료가 식으면 고춧가루와 소금을 넣어서 섞는다.
6. 항아리에 담아서 뚜껑을 덮고 20일 동안 햇볕에 두어 발효시켰다가 시원한 곳에서 저장한다.

호박 고추장은 맛이 달고 호박의 카로틴 성분이 다량 함유되어 영양성분도 좋다.

마늘 고추장

✱ 재 료

마늘 400g, 찹쌀 300g, 고운 고춧가루 400g 메줏가루 200g, 물엿 300g, 소금 1.5컵, 끓여 식힌 물 800ml

✱ 만들기

1. 찹쌀을 8시간 이상 불려서 곱게 빻아 경단을 만들어 끓는 물에 삶아 건진 다음, 찹쌀 경단을 치대어 풀면서 끓여 식힌 물을 섞는다.

2. 손질하여 곱게 다진 마늘과 메줏가루·고춧가루·물엿을 넣고 잘 섞은 후 소금으로 간을
   한 다음, 고루 잘 저어 일반 고추장과 같은 농도로 만든다.
3. 한 달 정도(약 30여 일) 발효시켰다가 먹는다.

- 마늘 고추장은 하지 전에 담그는 여름 고추장이다.
- 마늘 고추장은 먹을 때 향이 뛰어나고 씹히는 맛도 좋다.
- 보리 고추장, 찹쌀 고추장은 익어야 먹는데 마늘 고추장은 바로 먹어도 좋다.

대추 찹쌀 고추장

★ 재 료

찹쌀가루 400g, 엿기름 물(엿기름 300g·물 1.2L) 700ml, 대추 1kg(대추 달인 물 400ml), 메줏
가루 200g, 고운 고춧가루 200g, 호렴 80g, 꽃소금 100g

★ 만들기

1. 찹쌀가루는 체에 내려놓고, 엿기름은 하루 전에 물에 담가 불려서 체에 걸러 밭쳐 놓는다.
2. 솥에 엿기름의 맑은 윗물만 따라 붓고 찹쌀가루를 곱게 푼 다음 불에 올려 45℃ 정도(따
   뜻한 정도)로 데워지면 불을 끄고 30분 정도 삭힌다.
3. 대추는 깨끗이 씻어 물 2L를 붓고 1~2시간 정도 고아서 체에 으깨어 거른다.
4. 2의 삭힌 찹쌀을 고루 저으며 풀을 쑤다가 대추 거른 것을 넣고 졸인다.
5. 여기에 분량의 메줏가루와 고춧가루를 넣고 잘 섞은 후 소금으로 간을 한다.

고구마 고추장

★ 재 료

고구마 500g, 엿기름 물(엿기름 200g·물 800ml) 500ml, 메줏가루 100g, 고운 고춧가루 200g,
소금 250g

★ 만들기

1. 고구마는 껍질을 벗겨 무르도록 쪄낸다.
2. 찐 고구마를 잘게 으깨고 식혀서 엿기름 물을 걸러서 부어 삭힌다.

3. 고구마를 따뜻한 곳에서 잠시 동안 삭혔다가 잘 저으면서 끓여 묽은 엿이 되도록 졸인다.
4. 잠시 식혀 한김 나간 후에 메줏가루, 고춧가루를 넣어 잘 섞어 주고 소금으로 간을 한다.

9_장 채소 발효식품

1. 김 치

채소의 저장성을 높이기 위해 개발된 발효식품이 김치이다. 우리나라의 김치는 쌀과 함께 우리의 가장 기본적인 양식이며, 된장·고추장 등과 더불어 가장 한국적인 맛을 풍기는 전통 발효식품이다. 이러한 김치는 그 역사가 오래일 뿐 아니라 그 담그는 기술과 종류도 다양하다. 김치의 종류는 알려진 것만도 백여 종 이상이다. 각 지역에서 생산되는 산나물, 들나물, 재배채소 등이 모두 김치의 재료가 되며, 닭이나 꿩을 비롯해 어패류, 해조류로도 김치를 담았다. 또 김치의 숙성 기간에 따라서도 종류가 달라지는데, 김치를 담아서 금방 먹는 겉절이형 김치, 알맞게 익은 김치, 겨우 내내 저장하며 먹는 김장김치, 일 년 이상 푹 익혀서 먹는 묵은지 등으로 분류가 가능하다. 김치의 중요한 가치는 그것이 단순한 채소음식이 아니라는 것이다. 김치하면 그 재료로 채소류를 떠올리게 되지만 주재료인 채소류 이외에 고춧가루, 마늘, 생강 등의 양념과 젓갈류 등 포함되는 부재료가 많다. 물김치를 제외한 대부분의 김치에 젓갈이 사용되는데 새우젓, 멸치젓은 기본이고 갈치, 오징어, 생태 등의 해물도 이용된다. 또 김치가 숙성하는 데 주된 역할을 하는 것으로 젖산균이 있다. 이러한 것들이 어우러져서 맛깔스런 김치를 만들어 낸다. 김치는 식물성 식품과 동물성 식품을 가장 이상적인 상태로 화학적 변화를 시킨 혼성식품이다. 곧 어패류와 채소류를 절충시켜 식품문화의 한 경지를 이루어 낸 신비의 음식이며, 이 점이 서양의 피클문화와는 달리 우리 김치의 독보적인 가치라고 할 수 있다.

김치의 어원은 침채(沈菜)라는 한자어에서 비롯되었다. 이 한자어의 침채가 최초에는 '딤채'라고 읽혀졌으며, 이것이 '딤치', '짐치', '김치'의 여러 단계로 어음변화가 일어나 김치가 되었다고 볼 수 있다.

1) 김치 담금의 원리

김치 재료인 여러 가지 채소류를 양념류와 함께 버무려 김치를 담그면 원료나 재료가 갖는 맛과는 달리 숙성된 김치 특유의 맛과 향이 생겨난다. 현재까지 알려진 김치의 담금 원리는 양념류가 갖고 있는 삼투압에 의해 채소 내의 수분이 교환, 배출되어 채소의 풋내 등을 제거하고, 동시에 미생물에도 같은 작용을 하여 유해균의 발육이 저해되어 부패를 억제하며, 또한 조미료가 미생물이나 효소가 일하기 쉬운 조건을 만들어 주어 이들 미생물, 효소의 작용으로 김치류가 숙성되는 것이다. 이들 작용은 단독이 아니라 여러 가지의 반응이 어우러져 작용하여 김치류의 맛과 향이 생성되는 단순 조리과정으로 보이는 김치류의 담금 원리는 실제로 대단히 복잡한 발효과정이다. 김치의 식품학적 의의를 살펴보면 다음과 같다.

많은 영양물의 공급원

김치류는 많은 영양물을 공급해 주는 식품으로 특히 비타민과 미네랄을 공급해 주는 알칼리성 식품이다.

김치의 일반 성분은 〈표 9-1〉과 같으며, 특히 비타민 C는 우리 체내에서 일어나는 대사 작용을 도와주며 외부 감염에 대해 저항력을 길러주는 영양소로서, 겨울철 채소류가 생산되지 않는 동안 김치는 비타민 C의 주요 공급원이 된다.

비타민 C는 발효 숙성 과정중 김치를 담근 지 15~20일을 전후하여 가장 많이 증가했다가 점차 감소해서 산패 시에는 30%만 남는다(그림 9-1 참조).

표 9-1 **김치의 식품성분**(100g당)

영양소 종류	열량 (kcal)	단백질 (g)	지질 (g)	당질 (g)	칼슘 (mg)	비타민				
						A (IU)	B$_1$ (mg)	B$_2$ (mg)	C (mg)	나이아신 (mg)
깍두기	31	2.7	0.8	3.2	51	926	0.03	0.06	10	5.8
동치미	9	0.7	0.2	0.2	3	0	0.01	0.03	7	1.0
무청김치	27	2.7	0.7	0.7	28	1,702	0.04	0.07	19	3.3
통김치	19	2.0	0.6	0.6	–	492	0.03	0.06	12	2.1

자료 : 농촌진흥청 농촌자원개발연구소(2006). 식품성분표 7차 개정판.

또 김치에는 비타민 A가 되는 카로틴(carotene)이 엽록소와 함께 들어 있어 우리 나라와 같이 동물성 식품의 소비가 제한되어 있는 경우 김치를 통한 카로틴의 섭취는 비타민 A의 요구를 충당할 수 있다. 카로틴은 김치 숙성 과정 중 시일이 경과함에 따라 점차적으로 감소한다(그림 9-2 참조).

산패(酸敗) 시에는 침지(浸漬) 당시의 1/2만이 남게 된다. 그러나 말기의 감소율은 다른 비타민에 비해 완만한 것으로 보인다.

이외에도 비타민 B$_1$, B$_2$, B$_{12}$, 나이아신(niacin)을 함유하는데, 나이아신은 김치를 담근 지 약 2주 후에 가장 많이 증가되었으며, 비타민 B$_1$, B$_2$, B$_{12}$는 약 3주(21일) 경과되었을 때 가장 많이 증가되는 것으로 보인다.

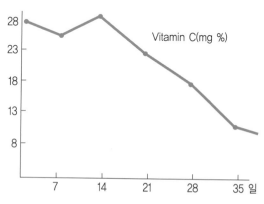

그림 9-1 **김치 숙성 중 비타민 C의 함량 변화**
자료 : 김상순(1985). 한국전통식품의 과학적 고찰. 숙명여자대학교 출판부.

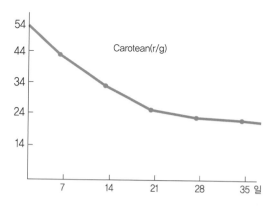

그림 9-2 **김치 숙성 중 카로틴의 함량 변화**
자료 : 김상순(1985). 한국전통식품의 과학적 고찰. 숙명여자대학교 출판부.

또한 김치는 곡류나 육류와는 달리 알칼리성 식품으로서 중요하다. 육류나 기타 산성 식품을 많이 섭취하면 혈액의 산성화를 일으켜 산중독증(酸中毒症)을 일으키게 된다. 이를 예방하기 위해서 김치는 좋은 알칼리성 식품의 공급원이 된다.

김치류는 소화 작용을 도와준다

채소류(무, 배추 등) 중에 들어 있는 부드러운 섬유질은 변비를 예방하고 비타민 B 복합체를 공급해 주는 역할을 한다. 즉, 음식을 먹으면 입 안에서 미세하게 분쇄된 것이 위로 내려간다.

여기서 효소나 위산이 잘 섞이도록 연동작용을 하는데, 이때 섬유질은 음식이 덩어리가 되는 것을 막아 주고 중간에 공간을 형성하여 효소 등의 혼합을 원활히 해 주며, 연동작용을 돕는다.

따라서 십이지장, 소장, 대장 등 흡수기관을 통과하는 영양소의 섭취를 원활히 해 주고 변비도 예방해 준다.

그밖에도 섬유질은 체내의 혈관 등 각종 관장기관의 질환을 예방해 주는 역할도 하여 필수성분으로 취급되고 있다. 또 무에는 디아스타제(diastase)라는 탄수화물의 소화효소가 들어 있어서 쌀밥에 김치를 곁들이면 쌀밥의 소화를 촉진시켜 주는 역할을 한다. 향신료에는 매운맛 등의 자극미가 있어 이것이 장내 소화기관을 자극함으로써 식욕을 돋우고 체내 소화효소의 분비를 촉진시켜 준다. 그밖에도 각종 향기 성분과 많은 수분이 식욕을 돋운다.

정장(整腸)작용을 한다

김치류는 채소류의 즙과 식염 등의 복합작용에 의해서 장내를 깨끗이 청소해 주는 작용도 한다. 또한 위장 내의 단백질 소화 효소인 펩신(pepsin) 분비를 촉진해 주는데, 여기에 관여하는 물질로는 아세틸콜린(acetyl choline) 또는 파라심파틴(parassympaethin)으로 장내 소화효소의 분비나 소화 · 흡수작용을 촉진해 준다.

아세틸콜린은 김치 숙성 중에 관여하는 세균이 배추 중의 성분으로부터 합성하며, 이것이 젖산(유산)과 함께 연동작용을 자극함으로써 항균 작용을 하고, 특히 장내 미생물 분포를 정상화한다. 또한 채소류는 펙틴질을 비롯한 고분자 복합 다당류들이 물과 함께 친수성 콜로이드(colloid)를 이루므로 장내 이동을 부드럽게 해 준다.

이것은 배추, 무의 자체 성분 외에도 젖산 발효가 일어나는 동안에 포도당이 젖산균에 의해 덱스트란(dextran)으로 중합된 것에 따라 이루어진다.

김치류는 익어감에 따라 항균(抗菌) 작용을 갖는다

김치는 익어감에 따라 유해균의 작용을 억제하는데 이것은 숙성 과정 중에 생기는 젖산균(유산균)에 의한다. 김치가 익어감에 따라 새콤한 맛을 내는 젖산균은 좋은 맛을 줄 뿐 아니라 창자 속의 다른 균을 억제하여 이상 발효를 막을 수 있다. 사람의 창자에 있는 균은 독성 물질을 만드는 유해균과 비타민류를 만드는 유용균으로 유해균이 번성하면 사람은 자가중독이 되어 건강을 유지하지 못하게 된다. 이때 김치 숙성 중에 생긴 젖산균은 병원균을 억제하는 역할을 하게 된다.

젖산균 외에도 배추나 무에 들어 있는 황화합물과 양념으로 첨가되는 마늘, 고추, 파, 식염 등은 미생물, 특히 해로운 균의 번식을 억제해 준다.

김치에 첨가되는 고추, 마늘 등의 향신료는 여러 가지 약리 작용을 갖는다

마늘　마늘의 정유 성분은 혈액 중의 혈당량, 적혈구, 백혈구 등에 영향을 미치며 호흡운동을 촉진하고 혈압을 강하시키는 작용을 가지며, 마늘 중의 황(S)성분은 무독화하는 성질이 있다. 정유성분은 종양 세포의 성장을 저해하고 동맥경화 저해 작용을 갖는다. 마늘의 알리신(allicin)은 비타민 B_1과 결합해서 알라시아민(allithiamine)이 되어, 수용성인 비타민 B_1이 체내에 이용되는 것 외에는 전부 배설되는 데 비해, 체내에 축적되어 오랫동안 비타민 B_1의 효력을 갖는다.

파　파는 위액의 분비를 촉진하고, 심장을 자극하며 담즙 분비 기능을 자극하는 효과를 가진다. 또 근래에 와서는 파를 많이 먹어 당뇨병 환자가 없다고 하는데, 파에는 당뇨병의 저항 인자인 인슐린(insulin)의 작용을 하는 물질이 들어 있기 때문이라고 한다.

고추　특히 비타민 C가 많이 들어 있으며, 고추를 타액과 함께 전분액에 가하면 타액만 있을 때보다 디아스타제의 소화율을 높인다. 또한 위액 분비를 촉진하고 처음에는 위의 연동작용을 억제하나 곧 촉진하는 작용도 가지며, 고추를 먹으면 혈당량의 증가 및 혈중 식염량의 증가가 일어나고, 고추의 양이 증가하면 혈관 수축작용을 하며 소량에서는 혈관 확장작용을 한다.

생강　자체에 디아스타제가 들어 있고 다른 디아스타제 작용을 촉진함으로써 전분질의 소화를 도와주고 호흡작용을 촉진하는 효과가 있다.

이상과 같이 향신료는 다양한 약리 작용을 하며, 향미 부여, 소화 촉진, 항균 작용 등이 가장 대표적이라 할 수 있다.

김치류의 부재료인 젓갈류나 육·어류는 양질의 단백질로 영양가가 높다

젓갈류는 잘 분해된 아미노산과 칼슘 등을 함유하고, 특히 쌀과 보리 등 식물성 식품을 위주로 먹는 사람에게 부족되기 쉬운 리신(lysine)과 메티오닌(methionine)의 주요 공급원이 된다. 특히 북부 지방에서 담그는 식해(食醢)류에는 각종 생선을 넣어 동물성 단백질이 많은 영양식품이 된다.

2) 김치 만들기

배추통김치

✱ 재 료

배추 5kg(2포기)

절임소금물　굵은 소금 500g + 물 5L, 생강 10g

굵은고춧가루 20g, 마늘 40g, 마른 고추 20g, 밥 40g, 무 750g, 쪽파 100g, 무즙 100g, 배즙 100g, 갓 100g, 미나리 60g, 양파즙 100g, 새우젓 20g, 붉은 고추 15g, 대파 30g, 멸치액젓 100g, 설탕 20g, 고운 고춧가루 25g, 소금 약간

✱ 만들기

1. 배추는 다듬어 밑동 부분에 일자(혹은 십자 모양)로 칼집을 넣어 크기에 따라 2등분(4등분)하여 쪼갠다.
2. 분량의 물에 준비한 굵은 소금의 반을 풀어 녹인다.
3. 1의 배추를 2의 소금물에 담갔다가 꺼내어 배추 사이사이에 남은 소금을 뿌려가며 차곡차곡 담고, 2의 남은 소금물을 가장자리에 붓고 돌로 눌러서 6~8시간 정도 절인다. 중간에 배추의 아래위를 한 번 뒤집어 준다.
4. 1의 칼집을 넣어 쪼갠 배추가 적당히 절여지면 물에 서너 번 헹구어 소쿠리에 담아 물기를 뺀다.

5. 무, 파, 갓, 미나리를 다듬어 씻어 물기를 거둔다. 마른 고추는 깨끗이 씻어 물에 불린다. 배는 껍질을 깎아 과육만 강판에 갈아 고운 베주머니에 넣고 즙을 내둔다. 김치 용기는 물을 부어 두었다가 깨끗하게 씻어 잡내를 없앤다.

6. 액젓에 밥을 넣고 믹서에 갈아둔다.

7. 무는 채썰고, 쪽파 · 대파 · 갓 · 미나리 · 붉은 고추는 반 갈라 씨를 털어내고 3cm 길이로 채썬다.

8. 채썬 무에 고춧가루를 넣고 버무려 물을 들이고 잘 섞은 다음, 불린 고추 간 것과 밥 간 것을 넣고, 새우젓 · 미나리 · 갓 · 파 · 다진 마늘 · 다진 생강 · 붉은 고추채 등을 넣어 골고루 버무려 소를 만든다. 모자라는 간은 소금으로 맞추고 기호에 맞게 설탕을 넣는다.

9. 배춧잎을 두세 장씩 들추면서 만들어 둔 양념 소를 넣는다. 이때 한 장씩 하면 지저분하고 맛이 시원하지 않다.

10. 소를 넣은 배추를 반으로 접어서 마지막의 겉잎으로 잘 싼 후 항아리에 차곡차곡 담아 숙성시킨다.

오이소박이

★ 재료

오이 1.7kg(10개), 소금 90g, 부추 100g, 대파 25g, 마늘 12g, 생강 5g, 고춧가루 25g, 설탕 3g, 새우젓 50g

★ 만들기

1. 오이는 가운데 부분을 소금으로 문질러 씻어 6cm 길이로 자른 후, 양끝을 1cm 정도 붙인 채 한가운데 십자 모양으로 칼집을 넣는다.

2. 1의 자른 오이를 10% 소금물에 절인다.

3. 오이가 충분히 절여졌으면 씻어 건져 행주에 싸서 누르면서 물기를 뺀다.

4. 파, 마늘, 생강은 손질하여 씻어 다진다.

5. 부추는 다듬어서 1cm 길이로 썬다.

6. 부추에 다진 양념과 고춧가루, 새우젓, 설탕, 소금을 넣고 고루 버무려 소를 만든다.

7. 오이의 칼집 사이에 소를 채워 넣는다.

8. 항아리에 차곡차곡 담고 위에 심심한 소금물로 양념 그릇을 헹구어 가장자리에 조심스럽게 붓는다.

총각김치

★ 재 료

총각무 1.5kg, 굵은 소금 100g, 쪽파 100g, 마늘 20g, 생강 5g, 고춧가루 70g,
멸치 액젓 100g, 설탕 5g
찹쌀풀 찹쌀가루 15g + 생수 200ml
김치국물 생수 250g + 소금 15g + 고춧가루 5g

★ 만들기

1. 총각무는 가로로 잘라보아 심이 없고 윗부분보다 아래쪽이 실한 것을 골라 떡잎을 다듬어 깨끗이 씻는다.

2. 총각무가 잠길 정도의 물에 소금을 넣고 무쪽이 아래, 무청이 위로 가게 하여 1시간 정도 절인다. 두세 번 헹궈 소쿠리에 담아 물기를 뺀다.

3. 쪽파는 손질하여 씻어 4cm 길이로 썬다.

4. 찹쌀가루에 생수를 붓고 찹쌀풀을 쑨 뒤 식혀 고춧가루를 넣어 불린다.

5. 마늘과 생강은 손질하여 다진다.

6. 불린 고춧가루에 멸치 액젓을 넣고 쪽파, 다진 마늘, 생강, 찹쌀풀, 설탕 등 준비한 양념을 모두 넣어 버무린다.

7. 준비한 양념을 총각무에 넣어 잘 버무린다. 이때 서너 줄기씩 들고 양념을 바르면 잎이 엉키지 않고 가지런하다.

8. 골고루 섞이도록 버무린 후 무청을 이용하여 2~3개씩 묶어서 항아리에 담고 김치국물을 만들어 붓는다.

동치미

✱ 재 료

동치미 무 3kg, 굵은 소금 200g, 물 5L, 쪽파 50g, 풋고추(삭힌 것) 40g, 푸른 갓 80g,
마른 청각 30g, 마늘 40g, 생강 30g, 무명실 약간

✱ 만들기

1. 무는 무청을 잘라내고 깨끗이 씻는다. 이때 껍질을 벗기지 말고 수세미로 흙을 씻어낸다.
   썬 무는 물이 묻어 있는 상태로 소금에 굴려 하루 이틀 정도 절여 둔다.
2. 마른 청각은 간간한 소금물에 불렸다가 바락바락 주물러 씻어 건진다. 쪽파와 푸른 갓은
   다듬어 무명실로 묶는다. 무 절였던 물을 버리지 말고 1(소금) :
   18(물)의 비율이 되도록 소금물을 더 넣고 간을 맞추어 동치
   미 국물을 만든다.
3. 마늘과 생강은 껍질을 벗기고 씻어서 준비한다.
4. 1의 마늘, 생강은 얇게 저며썰기하여 베주머니에
   넣는다.
5. 항아리에 무를 넣고 가운데에 쪽파, 갓과 함께 마
   늘, 생강을 넣은 베주머니를 넣는다.
6. 삭힌 고추와 불린 청각, 무명실로 묶은 갓, 쪽파 등을
   동치미 무 사이에 넣는다.
7. 항아리에 준비한 동치미 국물을 붓고 재료가 떠오르지 않게
   삶아서 소독한 돌을 눌러서 익힌다.

열무물김치

✱ 재 료

열무 500g
절임소금물 굵은 소금 150g + 물 1.5L
쪽파 50g, 붉은고추 50g, 풋고추 50g, 마늘 40g, 생강 20g, 감자 140g, 양파 80g
김치국물 소금 24g + 생수 1.2L

✱ 만들기

1. 열무는 손질하여 가볍게 씻어서 5cm 길이로 자른 다음, 소금물에 20분 정도 절인다.

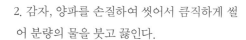

2. 감자, 양파를 손질하여 씻어서 큼직하게 썰어 분량의 물을 붓고 끓인다.

3. 뜨거울 때 감자와 양파는 건져낸다. 2에 소금 간을 하고, 국물은 식힌다. 건진 감자 중 1/2개를 으깨어 국물에 넣고 김치 국물을 만든다.

4. 쪽파, 붉은 고추, 풋고추, 마늘과 생강은 손질하여 씻는다. 파는 5cm 길이로 썰고 붉은고추·풋고추는 어슷썰기하고, 마늘·생강은 곱게 다진다.

5. 절인 열무는 두 번 정도 헹궈서 물기를 뺀다.

6. 열무에 붉은 고추, 풋고추, 쪽파, 마늘, 생강을 넣어 버무린다.

7. 버무린 열무를 항아리에 담고 준비한 김치국물을 붓는다. 이때 풋배추(300g)를 넣어 주면 더욱 좋다.

* 김치국물을 낼 때 보리죽, 밀가루풀을 이용해도 좋다.

백김치

★ 재 료

배추 1.2kg, 무 400g, 배 120g, 밤 40g
절임 소금물　굵은 소금 150g + 물 1.5L
실고추 약간, 석이 3장, 표고 2개, 청각 10g, 갓 80g, 쪽파 60g, 맑은 새우젓 30g, 대추 5개, 붉은고추 20g
김치국물　소금 50g + 생수(또는 양지머리 육수) 2L
고추(삭힌 것) 30g, 미나리 8.5g, 대파 40g, 마늘 40g, 생강 10g

★ 만들기

1. 배추는 소금물에 2~3시간 정도 절여서 깨끗이 씻어 물기를 빼둔다.

2. 무는 손질하여 밑동을 붙인 채 길이로 5~6쪽으로 가른 후 통째로 실고추에 버무려 고추물을 들인다. 고추물을 들인 후에는 실고추를 떼어낸다.

3. 밤·마늘·생강·파는 다듬어 씻고, 미나리는 줄기만 다듬어 씻고, 갓·청각도 깨끗이 씻어둔다.

4. 생강·밤·파·마늘·배는 채 썰고, 실고추·대추·

표고 · 석이 · 붉은고추 · 미나리 · 갓 · 청각을 준비하여 맑은 새우젓 국물에 섞어 양념을 만든다. 이때 새우젓 대신 양지머리 육수를 사용해도 좋다.

5. 준비한 배춧잎 사이사이에 4의 양념을 넣고 바깥의 큰 잎으로 감싸서 미나리 줄기로 동여맨다.

6. 배추 사이에 무를 곁들여 항아리에 담고, 이때 삭힌 고추도 넣고 푸른 우거지로 덮은 후 돌로 누른다.

7. 배추에 양념 소의 간이 배어든 후 6에 준비한 김치국물을 부어 간을 맞추고 숙성시킨다.

쌈김치(보김치)

✴ 재료

배추 1.2kg

절임소금물 굵은 소금 150g + 물 1.5L

무 600g, 갓 80g, 미나리 80g, 전복 1/2마리, 낙지 1/2마리, 굴 100g, 단감 150g, 쪽파 30g, 배 100g, 밤 50g, 표고 10g, 석이 2g, 대추 10g, 대파 20g, 마늘 20g, 생강 10g, 청각 10g, 잣 10g, 실고추 10g, 조기젓 40g, 새우젓 40g, 쌀풀 100g, 고춧가루 30g

✴ 만들기

1. 배추는 6~8시간 정도 소금물에 절인 다음, 깨끗이 씻어 물기를 거둔다.

2. 무, 밤, 청각, 미나리, 쪽파, 대파는 깨끗이 손질하여 씻어서 물기를 뺀다.

3. 전복은 손질해서 준비하고, 낙지는 껍질을 벗겨 소금물에 씻고, 굴도 소금물에 씻어 둔다. 표고와 석이는 뜨거운 물에 불린다.

4. 잣은 고깔을 떼어 닦아둔다.

5. 대파의 흰 부분과 실고추는 3cm 길이로 썬다. 무 · 배는 채썰고, 밤은 편썰기한다.

6. 갓 · 미나리의 줄기 부분, 쪽파, 낙지는 3cm 길이로 썬다. 전복은 얇게 썰고, 손질한 표고와 석이도 썬다. 대추는 얇게 채썰고, 단감은 나붓나붓 썬다.

7. 마늘, 생강, 새우젓은 곱게 다진다.

8. 무채에 고춧가루 일부를 넣고 물을 들인 다음, 다진 마늘·생강을 넣고 버무린 후 갓, 청각, 쌀풀, 미나리, 파, 배채, 밤채, 새우젓, 조기젓을 넣고 섞어 소를 만든다.

9. 전복·낙지, 나박썰기한 무, 나머지 고춧가루를 넣어 버무린다. 절인 배추의 겉잎을 떼내어 김치보시기에 담고 겉잎을 사방으로 펴 놓는다.

10. 9에 5cm 길이로 썬 배추를 세워 놓는다. 여기에 소를 사이사이에 골고루 넣고 배, 무, 낙지, 굴 등도 사이사이에 넣는다.

11. 그 위에 전복, 밤, 단감, 표고버섯, 석이버섯, 대추, 잣, 실고추를 보기 좋게 얹고 속잎으로 싼 다음, 겉잎으로 다시 싼다.

12. 항아리에 고춧가루를 버무린 무를 깔고 갓, 미나리 줄기, 쪽파를 길게 얹은 다음 쌈김치를 놓는다. 이것을 반복해서 켜켜이 담는다.

13. 2~3일 후에 김칫국의 간을 보아서 새우젓으로 다시 간을 맞춘다. 또는 기름을 거둔 양지머리 육수를 붓기도 한다. 이때 김치가 국물에 잠기도록 붓는다.

나박김치

✱ 재 료

> 배추 500g, 무 500g, 소금(절임용) 30g, 미나리 100g, 쪽파 50g, 마늘 50g, 생강 10g, 실고추 10g, 고춧가루 12g
>
> **김치국물** 소금 80g + 생수 2.4L + 설탕 18g

✱ 만들기

1. 배추는 한 잎씩 떼어 씻어서 길이 3.5cm, 너비 3cm 크기로 썰어 소금(20g)을 뿌려 1시간 정도 절여 둔다.

2. 무는 단단한 것으로 골라 깨끗이 씻어 길이 3cm, 너비 3cm, 두께 0.3cm 크기로 얇게 썰어 소금(10g)을 뿌려 1시간 정도 절여둔다.

3. 미나리는 잘 다듬어 줄기만 씻고, 쪽파는 흰 부분만 손질하여 씻는다.

4. 마늘, 생강은 껍질을 벗겨 씻어 둔다.

5. 미나리, 쪽파의 흰 부분만 3.5cm 길이로 썬다.

6. 마늘, 생강은 곱게 채썬다.

7. 절인 배추·무에 실고추를 넣고 버무려 물을 들인 다음, 파·마늘·생강을 넣고 잠시 그대로 둔다.

8. 준비한 김치국물에 작은 주머니에 싼 고춧가루를 넣고 흔들어 붉은 김치국물을 만든다.

9. 항아리에 7을 담은 뒤 김치국물을 붓고 마지막으로 미나리를 넣는다. 미나리는 김치가 거의 익을 무렵에 넣으면 더욱 맛있다.

깍두기

★ 재 료

> 무 500g, 소금(절임용) 10g, 미나리 50g, 쪽파 100g,
> 고춧가루 35g, 마늘 12g, 생강 2g, 새우젓 35g,
> 설탕 9g, 소금 10g

★ 만들기

1. 무는 깨끗이 씻어 2.5×2.5×3cm 크기로 깍둑썰기한다.

2. 깍둑썰기한 무를 소금에 절인다.

3. 미나리는 줄기만 다듬어 깨끗이 씻어 4cm 길이로 썬다.

4. 무에 먼저 고춧가루를 넣고 버무려 색을 들인다.

5. 4에 새우젓을 다져 넣고 다진 마늘과 생강도 넣는다. 채썬 쪽파, 설탕, 소금, 미나리를 함께 넣고 잘 섞는다.

양배추김치

★ 재 료

> 양배추 800g, 쪽파 20g, 소금 · 통깨 약간씩
> **절임소금물**　굵은 소금 80g + 물 800ml
> 고춧가루 40g, 까나리액젓 70g, 마늘 20g, 무 200g, 생강 5g, 부추 50g, 설탕 10g
> **김치국물**　생수 500ml + 소금 10g + 고춧가루 5g

★ 만들기

1. 양배추는 심을 제거하고 한 잎씩 떼어 소금물에 살짝 절인 후 꺼내어 씻어 가로 4cm, 세로 5cm 크기로 썬다.

2. 무는 껍질을 벗겨 3×4×0.2cm 크기로 썰어 양배추 절인 물에 살짝 절인다.

3. 부추는 다듬어서 물에 가볍게 씻어 준비한다.

4. 쪽파와 부추는 4cm 길이로 썰고, 마늘과 생강은 다진다.

5. 양배추와 무를 한 데 담고 고춧가루를 넣어 물을 들인 다음, 준비된 부재료들을 모두 넣고 골고루 버무린다. 김치국물을 붓는다.

열무김치

★ 재 료

열무 500g, 풋고추 20g, 소금 약간, 굵은 소금(절임용) 60g, 대파(흰 부분) 50g,
오이 170g, 마늘 50g, 붉은고추 30g, 생강 5g

밀가루풀 밀가루 15g + 생수 800ml

★ 만들기

1. 열무는 다듬어서 5cm 길이로 썰고, 흠집이 생기지 않도록 살살 씻은 후 소금을 뿌려 30분 정도 절인다.

2. 오이는 소금으로 문질러 씻어 4cm 길이로 자른 다음 십자썰기로 4등분한다.

3. 파는 채썰고, 붉은고추·풋고추는 길이로 썰어 씨를 털어낸다. 손질한 마늘과 생강은 함께 믹서에 간다.

4. 밀가루에 물을 붓고 풀을 쑤어서 식힌다.

5. 밀가루풀에 준비한 양념과 소금을 약간 섞는다.

6. 5에 열무와 오이, 붉은 고추, 풋고추, 파를 넣고 버무려 항아리에 담는다.

돌산갓김치

★ 재 료

돌산갓 3.5kg, 생강 10g, 까나리액젓 50g, 소금(절임용) 200g, 마른고추 20g,
생멸치젓 50g, 쪽파 350g, 고춧가루 30g, 양파 120g, 멸치액젓 50g, 마늘 40g, 새우젓 50g

찹쌀풀 찹쌀가루 50g + 생수 600ml

✱ 만들기

1. 갓은 깨끗이 다듬어 씻어서 소금을 뿌려 살짝 절인 후 씻어 건져 둔다.
2. 마른고추를 다듬어 씻어 멸치액젓을 붓고 곱게 갈아 둔다(번거로운 경우 고춧가루만 사용해도 좋다).
3. 마늘, 생강, 양파도 곱게 갈아 준비한다. 쪽파는 길게 다듬어 씻은 후 반으로 썬다.
4. 갈아 놓은 고추와 고춧가루에 찹쌀풀을 넣고 멸치액젓으로 간을 맞춘다. 준비한 갓에 갖은 양념을 더해 버무린다.

파김치

✱ 재 료

쪽파 1kg, 고춧가루 100g, 실고추 약간, 멸치액젓 180g, 배 100g, 양파 100g, 통깨 15g, 마늘 15g, 소금 5g, 생강 5g, 설탕 16g

찹쌀풀 찹쌀가루 15g + 생수 200ml

✱ 만들기

1. 쪽파는 깨끗이 다듬어 씻어 액젓 일부를 넣고 절인다.
2. 마늘과 생강은 다져서 실고추, 찹쌀풀, 고춧가루, 설탕, 소금과 함께 파를 절였던 액젓에 골고루 섞어 양념을 만든다. 깨끗이 씻어 껍질 벗긴 배와 양파는 멸치액젓을 조금만 넣고 갈아서 양념에 섞는다.
3. 절인 파를 준비한 양념에 버무린 후, 두서너 가닥씩 손에 잡고 돌돌 말아 항아리에 한 켜씩 담고 통깨를 뿌린다.
4. 남은 멸치액젓으로 양념그릇을 헹궈 파김치 가장자리에 둘러가며 붓고 꼭꼭 눌러 둔다.

부추김치

✳ 재료

부추 600g, 생강 5g, 양파 100g, 고춧가루 40g
찹쌀풀　찹쌀가루 15g + 생수 200ml
멸치액젓 100g, 설탕 12g, 마늘 6g, 소금 7g

✳ 만들기

1. 부추는 깨끗이 다듬어 씻어 액젓에 절인다.
2. 양파는 멸치액젓을 조금만 넣고 곱게 간다.
3. 나머지 멸치액젓에 고춧가루와 찹쌀풀, 곱게 다진
   마늘과 생강, 양파 간 것, 설탕을 넣고 섞는다.
4. 부추에 1~3의 양념을 넣고 가볍게 버무려 항아리에
   꼭꼭 다져 넣는다. 이때 간이 약하면 소금으로 간을 더한다.

석류김치

✳ 재료

무 1.2kg, 미나리 10g, 소금 5g, 배춧잎 20장, 마늘 10g, 설탕 12g, 생강 3g,
실고추 1g, 대파 5g, 배 50g, 석이 2g, 밤 15g, 대추 2g
절임소금물　굵은 소금 300g + 물 2L
김치국물　소금 80g + 생수 2.4L

✳ 만들기

1. 무는 약간 작은 동치미 무를 골라 깨끗이 씻는다. 배추는 잎이 넓고 싱싱한 것으로 준비
   한다.
2. 무 1/5개는 남기고 나머지만 4cm 두께의 둥근 토막으로 잘라, 밑으로 1cm 남기고 가로
   세로1cm 간격으로 칼집을 넣는다.
3. 소금물에 칼집을 넣은 무와 배춧잎을 넣어 푹 절인다.
4. 무 1/5개와 배, 밤, 손질한 석이와 대추는 3cm 길이로 채썰고, 미나리와 대파 흰 부분, 실
   고추도 3cm 길이로 썬다. 마늘, 생강도 가늘게 채썬다.
5. 채썬 무에 실고추를 넣어 붉은 물을 들이고, 나머지 준비한 양념들을 넣고 버무린 다음
   소금으로 간한다.

6. 칼집 낸 무 사이사이에 소를 채워 꼭꼭 눌러 넣는다.

7. 배춧잎 2장에 무를 하나씩 싸서 항아리에 차곡차곡 담고 김치국물을 가장자리에 빙 둘러
   가며 붓는다.

고들빼기김치

★ 재 료

> 고들빼기 1kg, 밤 50g, 통깨 20g
> **절임소금물** 굵은 소금 200g + 물 4L
> 마늘 50g, 설탕 20g, 생강 20g, 멸치액젓 240g, 쪽파 200g, 고춧가루 80g

★ 만들기

1. 뿌리가 굵고 잎이 연한 고들빼기를 소금물에 7~10일
   간 담가 둔다. 이때 돌로 눌러 공기가 닿지 않게
   하여 쓴맛을 우려내고 삭힌다.

2. 밤은 채썰고, 쪽파는 다듬어 씻어 길이
   를 반으로 자른다. 마늘과 생강은 손질
   해 곱게 다진다.

3. 멸치액젓에 고춧가루, 밤, 다진 마늘,
   생강, 설탕, 통깨를 넣고 잘 섞어 양념
   을 만든다.

4. 고들빼기에 양념을 넣고 고루 버무려 항아
   리에 담는다.

2. 장아찌

장아찌는 식품의 장기간 보존을 위한 방법 중에서 건조법을 제외한 가장 오래되고
기본적인 절임저장법이다. 무, 오이, 깻잎 등의 채소가 장아찌의 기본이지만 김, 파
래, 미역 등의 해조류와 굴비, 전복, 홍합 등의 어패류, 호두, 땅콩 등의 견과류 및
감, 살구 등의 과실류도 장아찌가 되므로 그 종류가 매우 다양하다. 여러 재료를 이
용한 장아찌의 절임원은 간장, 고추장, 된장, 식초가 가장 많이 이용되고, 그 외 젓

갈, 술이나 술지게미, 소금 등이 있다. 각각의 재료를 절임원에 담가 두면 침장액의 삼투와 효소의 작용으로 숙성과정 중에 독특한 풍미와 질감을 얻을 수 있는 발효식품이 된다.

장아찌의 기원은 인류가 식품을 저장하기 시작한 시기와 관련이 있으며, 일찍부터 자연발생적으로 만들어진 소금과 술, 식초가 최초의 절임원이 되는 장아찌 원형으로 보이고, 이후 간장, 된장, 젓갈형 장아찌가 뒤를 이었을 것으로 추정된다. 우리나라의 상고 시대의 장아찌는 김치의 역사와 같다. 삼국 시대의 소금, 간장, 된장, 젓갈, 술이 있었으며, 이 시기의 재배채소로 추정되는 순무, 외, 가지, 박, 부추, 고비, 죽순, 더덕, 도라지 등의 채소류를 소금에만 절인 형태, 간장, 된장 등의 장류에 절인 형태, 소금과 술지게미에 절인 형태, 소금과 곡물죽에 절인 형태, 식초에 절인 형태 등의 장아찌가 존재하였다고 생각되며, 이것이 오늘날의 김치의 원형이라고 할 수 있다. 고려 때는 무를 소금이나 간장에 절인 무장아찌의 기록이 《동국이상국집》에 수록이 되어 있으며, 조선 시대의 《증보산림경제》에는 청장, 즙장, 된장, 젓갈 등의 다양한 절임원을 사용한 장아찌가 선보이고, 이후 여러 고문헌에도 장아찌가 수록되어 다양하게 이용되었음을 짐작할 수 있다. 이렇듯 오랜 역사를 지니며 오늘날까지 전래되어 온 장아찌는 우리 상차림에서 밑반찬의 용도로 빠져서는 안 되는 전통 발효식품이다. 장아찌는 계절성이 짙은 식품이다. 우리나라는 사계절이 뚜렷하므로 제철에 나는 산물이 있는데 각 계절에 나는 채소를 비롯한 여러 재료들을 그때그때마다 갈무리하여 오랫동안 저장 보관하며 먹기 위해 개발된 것이 장아찌이므로 그 담그는 시기에 따라 월별 장아찌가 존재한다. 장아찌는 조리법에 따라 재료를 간장에 절였다가 잠깐 볶아내는 단기간 저장의 갑장과(숙장아찌)와 여러 절임원에 침장하여 장기간 숙성하는 절임 장아찌로 분류할 수 있다. 장아찌는 지(漬), 짠지라고도 하며, 한자어로는 장과(醬瓜), 장지(醬漬)이다.

머위잎 장아찌

✱ 재 료

머위잎 600g

졸임장 간장 1컵, 설탕 약간, 물엿 1컵, 육수 1컵

✱ 만들기

1. 머위잎을 씻어서 여러 장씩 겹쳐서 실로 묶는다.
2. 머위잎을 용기에 담고 졸임장을 끓여 식힌 후 부어준다.
3. 45일 후 먹는다.

참죽잎 장아찌

✱ 재 료

참죽잎 2kg, 굵은 소금 3컵, 고추장 5컵, 마늘 · 깨소금 · 참기름 · 설탕 약간씩

✱ 만들기

1. 참죽잎을 손질하여 깨끗이 씻은 다음 소금에 절인다.
2. 1의 참죽잎을 소쿠리에 받쳐서 물기를 뺀 다음 고추장에 버무려 항아리에 꼭꼭 눌러 담는다.
3. 먹을 때 꺼내어 마늘, 깨소금, 참기름, 설탕을 넣어 무친다.

산초나물 장아찌

✳ 재 료

산초나물 600g, 굵은 소금 1/2~1/3컵,
고추장 1컵, 마늘·깨소금·참기름·설탕 약간씩

✳ 만들기

1. 산초나물을 손질하여 깨끗이 씻은 다음 소
   금에 절인다.
2. 1의 산초나물을 소쿠리에 받쳐서 물기를
   뺀 다음 고추장에 버무려 항아리에 꼭꼭 눌
   러 담는다.
3. 먹을 때 꺼내어 마늘, 깨소금, 참기름, 설탕
   을 넣어 무친다.

취나물 장아찌

✳ 재 료

취나물 600g, 굵은 소금 1/2~1/3컵,
고추장 1컵, 마늘·깨소금·참기름·설탕 약간씩

✳ 만들기

1. 취나물을 손질하여 깨끗이 씻은 다음 소금
   에 절인다.
2. 1의 취나물을 소쿠리에 받쳐서 물기를 뺀
   다음 고추장에 버무려 항아리에 꼭꼭 눌러
   담는다.
3. 먹을 때 꺼내어 마늘, 깨소금, 참기름, 설탕
   을 넣어 무친다.

사과 장아찌

✳ 재 료

사과 6개, 굵은 소금 약간, 고추장 2~3컵
졸임장 다시국물 1컵, 간장 1컵, 물엿 1/2컵

✳ 만들기

1. 사과를 깨끗이 씻어 껍질을 벗기지 않고 6
   등분하여 씨를 뺀 다음, 소금에 살짝 절인
   후 물기를 제거한다.
2. 졸임장 재료를 끓여 식혀 놓는다.
3. 항아리에 1의 사과를 넣고 뜨지 않게 눌림
   돌을 눌러 2의 졸임장을 붓는다.
4. 3일에 한번씩 3회에 걸쳐 졸임장을 따라내어 다시 끓여 식힌 후 붓는다.
5. 10~15일 후 물기를 제거한 후 고추장에 박아둔다.
6. 먹을 때 갖은 양념하여 먹는다.

새송이 장아찌

✳ 재 료

새송이 10개
졸임장 다시국물 1컵, 간장 1컵, 물엿 1컵,
　　　　설탕 약간

✳ 만들기

1. 새송이를 씻어 물기를 없애준다.
2. 졸임장의 재료를 끓여 뜨거울 때 부어준다.
3. 2의 졸임장을 끓여 식혀서 3일에 한번씩 3
   회에 걸쳐 부어준다.

단감 장아찌

✳ 재 료

단감 20개, 소금물, 고추장 10컵, 참기름 · 깨소금 약간씩

✳ 만들기

1. 단감을 4등분하여 씨를 빼고 4~5% 소금 물에 3~4일 담가 두었다가 채반에 건져 말린다.
2. 고추장과 감을 버무려 항아리에 담가 놓는다.
3. 3~4개월 후 꺼내어 채썰어 참기름과 깨소 금 등 갖은 양념을 하여 무친다.

세발낙지 장아찌

✳ 재 료

세발낙지 5마리, 고추장 1/2컵, 고춧가루 3큰술, 물엿 5큰술, 매실청 3큰술

✳ 만들기

1. 세발낙지를 살짝 데친다.
2. 채반에 받쳐 물기를 제거한 후 고추장, 고 춧가루, 조청, 매실청을 넣어 무친다.
3. 용기에 담아 냉장 보관한다.

홍합 장아찌

✱ 재 료

건홍합 500g
졸임장 다시마, 간장 1컵, 물 1/2컵, 물엿 1컵,
북어 달인 물 2컵, 설탕 1/2컵

✱ 만들기

1. 건홍합을 씻어 물기를 제거한다.
2. 졸임장 재료를 끓여 식힌 후 1의 건홍합을
   담가둔다.
3. 1주일 후 2의 졸임장을 따라내어 다시 끓인
   후 식혀 붓는다.
4. 한 달 후 홍합을 꺼내어 갖은 양념을 하여
   먹는다.

김 장아찌

✱ 재 료

김 100장
졸임장 버섯 5개, 무 1/4개, 파 3뿌리, 양파(中)
1개, 배 1/4개, 마늘, 생강, 간장 1.8L,
물엿 900ml

✱ 만들기

1. 김을 손질한다.
2. 모든 졸임장 재료를 넣어 끓인다.
3. 졸임장을 식힌 후 김을 2등분, 다시 3등분
   한다.
4. 자른 김을 졸임장에 담근 후 용기에 담는다.
5. 군데군데 대추꽃으로 장식한다.

남은 졸임장은 김이 마르지 않도록 가끔씩 끼얹어 주고, 나머지는 냉장보관 후 다른 장아찌의 졸
임장으로 사용해도 좋다.

밤 장아찌

✱ 재 료

밤 1/2되, 사이다 2컵, 간장 2컵, 설탕 30g,
고추장 6컵

✱ 만들기

1. 밤은 껍질을 벗기고 반으로 자른다. 그늘에
   고들고들하게 말린다.
2. 큰 그릇에 사이다를 다 붓고 간장도 사이다
   와 같은 양을 붓는다. 여기에 설탕을 넣어
   섞는다.
3. 밤을 2에 넣어 하루 정도 삭힌 후 꺼낸다.
4. 밤을 마른 행주로 닦은 후 고추장에 박는
   다. 한 달이 지나 꺼내 먹는다.

대추 장아찌

✱ 재 료

대추 3되, 고추장 5컵, 명주실
졸임장 간장 3컵, 설탕 1컵, 물엿 3컵, 소금 약간

✱ 만들기

1. 대추는 깨끗이 씻어서 씨를 빼고 돌돌 말아
   서 명주실로 감아 놓는다.
2. 졸임장 재료를 2시간 정도 졸여 놓는다.
3. 단지에 대추와 고추장을 한 켜씩 번갈아 담
   고 헝겊으로 덮은 후 2의 졸임장을 붓고 꾹
   눌러 놓는다.
4. 6개월 정도 익으면 먹는다.

오이 장아찌

✽ 재 료

오이(조선오이) 6개, 소금 약간

졸임장 간장 1컵, 물 2컵, 설탕 3/4컵,
　　　　　물엿 3/4컵, 소주 5큰술, 식초 3큰술

고추장 5컵

✽ 만들기

1. 오이는 가시를 제거하지 말고 손질하여 소
   금에 이틀 정도 절인다. 소금을 눈발처럼
   골고루 조금씩 무친다.
2. 졸임장 재료를 끓여 약간만 식힌 후 1에 부
   어 45일간 넣어 익힌 후 고추장에 2개월 정도 박아둔다.

무 장아찌

✽ 재 료

무 1개, 소금 약간

졸임장 간장 1컵, 물엿 1/2컵, 물 1컵,
　　　　　소주 1/2컵, 식초 4큰술

고추장 5컵

✽ 만들기

1. 무를 3등분한다.
2. 졸임장 재료를 끓여 약간만 식힌 후 1에 부
   어 45일간 넣어 익힌 후 고추장에 2개월 정
   도 박아둔다.

가지 장아찌

✳ 재료

가지 10개, 소금물(소금 1 : 물 4)

육수 다시마(10×10cm) 2장, 멸치 1/2컵, 물 5컵

졸임장 양파 2개, 마늘 2통, 생강 3쪽, 마늘 · 깨
소금 · 참기름 · 설탕 약간씩

식초 약간

✳ 만들기

1. 가지는 소금물에 끓여 삭힌 물에 2일 정도
   담가 두었다가 건져 물기를 뺀다.
2. 육수 재료를 끓여 식혀 깨끗이 밭쳐 물기를
   제거한다.
3. 2의 육수에 졸임장 재료를 넣고 달인 다음 식혀 식초를 넣는다.
4. 1의 가지를 항아리에 담고 2의 졸임장을 부어 돌로 눌러 놓는다.
5. 3~4일 반복하여 달여 식혀 붓는다.

연근 · 우엉 장아찌

✳ 재료

우엉 400g, 연근 700g, 마늘 130g, 마른 고추
약간

양념장 유자청 1컵, 2배식초 1/2컵, 간장 1/2컵,
레몬즙 2큰술, 설탕 2큰술, 소금 1/2큰술,
액젓 1큰술

✳ 만들기

1. 연근과 우엉은 썰어서 각각 데친다.
2. 마늘은 얇게 썰고, 마른 고추는 어슷썬다.
3. 양념장에 모든 재료를 넣어 섞은 다음 이틀
   정도 재운 후 냉장 보관한다.

토란 장아찌

★ 재 료

토란 1근, 간장 1½컵, 식초 1/2컵, 설탕 1/2컵,
고추장

★ 만들기

1. 토란을 잘 다듬은 후 팔팔 끓는 물에 토란
   을 살짝 데친다.
2. 데친 토란을 두 번 정도 헹군다. 면 타월에
   토란을 싸서 손으로 꼭꼭 눌러 물기를 없앤
   다.
3. 오목한 그릇에 간장, 식초, 설탕을 넣어 잘
   섞는다.
4. 3에 2~3주간 절인 토란을 바구니에 밭쳐
   건진다.
5. 작은 항아리에 고추장을 4의 토란이 잠길 정도로 넉넉하게 담은 후 토란을 박는다. 두 달
   쯤 푹 삭인 후 꺼내 먹는다.

마늘 장아찌

★ 흰색 재료

깐 마늘 500g, 물 2¼컵, 설탕 1/2컵,
소금 2½큰술, 식초 1/3컵

★ 만들기

1. 마늘을 까서 깨끗이 닦아 물기를 제거 후
   작은 병에 모두 담는다.
2. 물 2¼과 설탕 1/2컵과 소금 2½큰술을 팔
   팔 끓여 식힌다.
3. 1에 2에 끓인 것과 식초를 넣고 밀봉했다가 맛이 들면 꺼내 먹는다.

깐 마늘 1kg, 물 1/3컵, 청주 2큰술, 설탕 2/3컵,
식초 2/3컵, 간장 1컵

* 만들기

1. 깐 마늘을 깨끗이 손질해서 병에 담아 놓는
   다.
2. 물과 설탕과 청주와 간장을 끓여 식힌다.
3. 1에 2를 식초에 넣어 저장한다.

마늘종 장아찌

* 재 료

마늘종 2kg, 소금 3컵, 식초 5큰술, 물 10컵,
된장 2컵, 고추장 3컵, 설탕 1컵, 물엿 2컵,
고춧가루 1컵

* 만들기

1. 마늘종은 윗부분을 잘라내고 손질해 씻어
   건져 놓는다.
2. 끓인 물에 소금을 넣고 소금물을 만들어 식
   힌 다음 식초를 섞어 놓는다.
3. 마늘종을 단지에 돌돌 말아서 담고 뜨지 않게 돌로 눌러 놓는다.
4. 단지에 눌러 놓은 마늘종에 2의 물을 부어 5일 정도 삭힌다.
5. 4의 마늘종을 건져 물기를 완전히 제거한 후 고추장, 된장, 설탕, 물엿, 고춧가루를 넣어
   양념을 만들어 마늘종과 같이 버무려 항아리에 담아 맛이 들게 익힌다.
6. 한 달 정도 익힌 후 마늘종을 꺼내어 갖은 양념을 하여 맛있게 먹는다.

3. 피클(pickles)

우리나라의 장아찌에 해당하는 피클은 채소나 과일에 각종 향신료를 첨가하여 만든 서양 식초와 소금절임 장아찌이다. 피클은 장기간 보존할 수 있는 저장식품이며, 언제든지 쓸 수 있기 때문에 서양에서는 우리의 김치, 장아찌처럼 가정에서 여러 가지 종류의 피클을 만들어 저장하고 있다. 피클은 식탁에서 다양한 용도로 사용이 되는데 오르되브르, 샌드위치, 샐러드, 냉채요리의 장식 또는 카레 요리의 양념 등에 사용되며 여러 음식과 잘 어울리는 식품이다. 육식 습관의 서양 식문화에서는 채소 소금절임보다는 식초절임이 더 잘 어울리는 특성이 있다. 절이는 방법도 대단히 많지만, 대체로 설탕·소금·식초를 섞은 조미식초에 절이는 방법과 향신료를 섞은 소금물에 절여서 발효시키는 방법이 있다. 재료는 오이·작은 양파·토마토·피망·양배추·컬리플라워·당근·비트·버섯·버찌·올리브 등이 쓰인다. 향신료는 재료에 따라 다르지만, 월계수 잎·시나몬(계피)·너트메그·딜·파슬리·세이지(샐비어)·붉은 고추·마늘·후춧가루 등이 쓰인다. 장기간 보존하기 위해서는 용기를 가열살균한 후 피클을 담고 밀봉하여 냉암소(冷暗所)에 보관한다. 대표적인 오이 피클에는 두 가지 종류가 있다.

오이 피클

오이 피클 만드는 방법

✱ 스위트 피클

오이를 소금으로 문질러 닦은 후 식초·설탕·소금·월계수 잎 등을 섞어서 끓인 조미식초를 붓고 돌로 눌러 놓는다. 3~7일 후면 먹을 수 있다.

✱ 딜 피클

오이에 딜·마늘·붉은고추·후춧가루를 뿌린 후 끓인 소금물을 붓고 돌로 눌러 놓는다. 발효하면 그 물을 따라 걸러서 가라앉힌 후, 맑은 윗물을 오이 위에 다시 부어 절인다.

10장

생선·조개류 발효식품

1. 젓 갈

젓갈은 우리나라를 비롯한 동남아 등 세계 여러 나라에서 오래 전부터 전래되어 내려오는 수산 발효식품이다. 생선이나 조개류는 영양적으로 매우 우수한 식품으로 널리 이용되고 있으나 부패되기 쉬워서 저장성이 낮다는 문제점을 가지고 있다. 이러한 단점을 해결하는 방법으로 생선이나 조개류에 높은 농도의 소금을 사용하여 저장성을 높인 일종의 발효식품이 젓갈이다.

예부터 우리나라를 비롯한 동양의 농경 문화권에서는 곡류를 주식으로 하고 채소의 의존도가 높은 식문화를 지니고 있는데 이런 식습관에서는 적당한 염분 섭취의 필요성이 대두된다. 콩의 단백질을 발효시켜 감칠맛을 즐기는 장의 문화와 작은 생선이나 조개류에 소금을 넣고 자체의 효소에 의한 감칠맛을 생산하는 젓갈 문화는 적당한 염분 섭취의 식습관과 좋은 조화를 이루었다. 발효에 의한 감칠맛에 익숙한 우리나라를 비롯한 동아시아에서는 글루타민산이나 핵산에 의한 인공조미료의 감칠맛이 발효식품이 드문 착유문화권에서보다 쉽게 받아들여지는 이유가 되기도 한다. 반찬으로, 또 찬의 맛을 내기 위한 조미료로, 김치의 재료 등으로 우리 식생활에 다양하게 이용되는 젓갈은 생선과 조개류가 주원료이므로 양질의 단백질과 각종 무기질, 비타민이 함유되어 있는 영양식품이며 감칠맛의 독특한 풍미를 지닌 기호식품이다. 그러나 10~20%의 염도 함량을 지닌 젓갈은 지나치게 짜다는 것이 문제이다. 예전에 비해 육류 섭취량이 현저히 증가한 오늘날의 식생활에서는 과다 염분 섭취는 성인병의 원인이 되기도 하므로 염분이 제한된 젓갈의 필요성이 요구되고 있다. 이를 위해 젓갈업계에서는 물엿을 첨가하여 수분활성도를 낮추면서 식염 사용을 줄이는 저염젓갈을 생산하고 있으며, 실제 8% 이하의 저염젓갈이 시판되고 있다. 젓갈류 중 액젓은 품질 특성이나 용도에 있어 장류에 비유할 수 있으므로 어간장이라고도 부른다. 젓갈과 장류는 단백질 원료를 고농도의 소금 존재하에 가수분해시키므로 저장성이 우수하고 영양가와 향미를 나타내며, 원료로 소금만을 필요로 하기 때문에 비교적 값이 저렴한 제조공정으로 인해 다른 가공식품과 비교할 때 가격 경쟁 면에서 유리한 장점을 가지고 있다. 젓갈류의 발효과정에서 생선이나 조개류는 조직 내의 효소와 세균의 작용이 일어나 단백질의 가수분해와 향미성분의 생합성이 이루어지므로 조미료로서의 구실을 하게 되는 것이다. 따라서 젓갈류는 우리나라에서 반찬으로 또 김치 제조의 부재료로 널리 이용되고 있다.

젓갈류의 제조에는 작은 생선이나 조개류의 살, 내장, 알 등이 주재료로 사용되고 있고, 여기에 약 10~ 20% 내외의 소금을 넣어 잘 혼합한 후 자연 상태(20℃)에서 일정 기간 보관하면서 숙성시키면 발효가 일어나 먹을 수 있는 젓갈이 되는 것이다.

젓갈에 관여하는 미생물은 대부분이 내염성으로 호기성균과 혐기성균이 공존하며, *Bacillus subtilis*, *Leuc mesenteroides* 등이 관여하는 것으로 알려져 있다. 숙성 초기에는 *Pseudomonas*, *Achromobacter*, *Flavobacterium*, *Brevibacterium*, *Pediococcus*, *Sarcina*, *Micrococcus* 등이 우세하고, 숙성 중기에는 효모류가 우세한데 효모 수가 최고조에 달할 때 가장 좋은 맛이 나게 된다.

1) 조기젓

조기젓은 조기의 전 부위를 염장·숙성시켜 만든 것이다. 조기젓은 오뉴월에 담가서 시월 경에 먹는다. 작은 조기젓은 황석어젓이라고 한다. 조기는 눈이 들어가지 않고, 비늘이 벗겨지지 않고 광택이 있으며, 아가미가 붉고 몸이 단단한 것으로 고른다. 조기젓은 표면에 약간 누런 빛이 있고, 은빛을 띠고 육

질은 쉽게 분리된다. 조기젓은 구수한 뒷맛이 특징적이며, 젓국은 달여서 김장 김치에 많이 넣고, 살은 잘게 찢어 갖은양념을 하여 밥반찬으로 사용된다.

✴ 재 료

조기 20마리(5kg), 굵은 소금 2kg, 물 10컵

✴ 만들기

1. 조기가 많이 날 때 신선한 조기를 골라 비늘을 긁지 말고 소금물에 흔들어 씻어 채반에 건져 물기를 뺀다.
2. 소금물은 물과 소금의 비율이 2 : 1이 되게 만들어 끓여 식힌다.
3. 조기의 아가미와 입을 벌려서 굵은 소금을 가득 넣고 항아리 밑에 소금을 깐 다음, 조기가 겹치지 않게 나란히 놓은 뒤, 그 위를 다시 소금으로 조기가 보이지 않을 정도로 넣는다. 이것을 반복해서 항아리에 70% 정도 담은 다음, 대나무 쪼갠 것을 소독해서 얼기설기 얹는다.
4. 끓여 식힌 소금물을 조기 위에까지 붓고, 비닐 종이를 항아리 지름 정도의 크기로 오려 나무 위에 올려놓은 뒤, 소독한 돌로 눌러서 뚜껑을 잘 덮어 시원한 곳에 둔다.
5. 충분히 삭으면 젓국을 그대로 쓰거나 달인 후 식혀 김치에 넣는다. 또 살만 발라서 갖은양념으로 무쳐서 밥반찬으로 한다.

2) 멸치젓

멸치는 한반도에서 많이 어획되는 수산자원으로 멸치젓은 새우젓과 더불어 김치나 찬의 조미료로 가장 많이 쓰인다. 멸치젓 제조에는 두 가지 방법이 있는데, 숙성기간에 따라 생멸치를 2~3개월간 숙성시킨 것을 멸치젓이라 하고, 멸치젓국은 6개월 이상 숙성시킨 것이다. 오뉴월에 싱

싱한 멸치로 젓갈을 담그면 김장 때 쓰기에 알맞다. 멸치젓이 충분히 삭으면 살만 발라내어 잘게 썰어서 다진 파·다진 마늘·고춧가루·식초를 넣어서 무치면 맛있는

밥반찬이 된다. 오래 두면 맑은 젓국이 위에 고이므로 따로 떠서 모았다가 찬의 조미료로 쓰고, 남은 젓국은 물을 보태어 달여서 고운체에 밭쳐 김치에 사용한다.

✳ 재 료

멸치 1상자(15kg), 굵은 소금 4~5kg

✳ 만들기

1. 멸치는 비늘이 벗겨지지 않고 싱싱한 것으로 골라서 소금물(물 : 소금 = 2 : 1)에 담가 흔들어 씻어서 채반에 건져 물기를 뺀다.
2. 항아리 밑에 굵은 소금을 깐 다음, 멸치를 굵은 소금에 버무려 항아리에 담는다.
3. 멸치를 담은 위에 소금을 가득 덮고, 남은 소금을 물에 타서 끓여 식혀 부은 다음, 대나무를 얼기설기 얹는다.
4. 3의 위에 비닐을 항아리 지름 크기로 잘라 덮고, 소독한 돌로 눌러서 뚜껑을 잘 덮어 시원한 곳에 둔다.
5. 석 달 이상 그대로 두어 충분히 삭으면 젓국은 그대로 쓰거나, 또는 달인 후 식혀 김치양념에 넣는다. 또 살을 잘게 찢어 양념하여 밥반찬으로 사용한다.

3) 새우젓

새우젓은 새우를 염장한 다음 숙성시켜 만든 것으로, 젓갈 중 맛이 비교적 담백하고 비린내가 적어서 멸치젓과 함께 김치에 가장 많이 사용되고 있다. 또 맑은젓국찌개의 간을 맞추거나 돼지고기 편육이나 족발을 찍어 먹는 젓국에도 널리 쓰이는 등 우리나라 식품조리에 중요하게 사용되고 있다. 새우젓은 주로 서해안 지역에서 많이 생산되며, 오뉴월에 새우가 살이 올랐을 때 담은 것이 가장 맛이 있다.

새우젓은 생산시기에 따라 여러 종류로 구분된다. 5월에 생산되는 오젓은 새우살이 단단하지 않고 붉은 빛을 띠며, 6월에 생산되는 육젓은 새우살이 굵고 흰 바탕에 붉은색이 섞여 있다. 10월에 생산되는 추젓은 새우살이 적으며 희고, 2월에 생산되는 동백하젓은 희고 깨끗하다.

✻ 재 료

새우 1kg, 소금 200g

✻ 만들기

1. 새우는 빛깔이 흰 싱싱한 것을 골라서 소금물에 살살 흔들어 씻어서 소쿠리에 건져 물기를 뺀다.
2. 깨끗하게 준비해 둔 항아리에 밑에 굵은 소금을 한 켜 깐 다음 새우에 나머지 분량의 소금을 넣고 잘 섞은 다음 항아리에 꼭꼭 눌러 담는다. 위에는 소금을 넉넉히 덮어서 봉해 두었다가 한 달 이상 두어 충분히 삭은 후 먹으면 된다.
3. 잘 삭은 새우젓은 김치나 찬을 만들 때 조미료로 쓰고, 그대로 먹을 때는 다진 풋고추 · 붉은고추 · 다진 파 · 다진 마늘 · 고춧가루 · 식초 · 깨소금 등을 넣고 무친다.

4) 갈치젓

갈치젓은 갈치의 전 부위를 염장하여 숙성시킨 것으로 숙성기간에 따라 2~3개월 후 형체가 남아있는 갈치젓과 1년 이상 숙성시켜 젓국 형태인 갈치젓국의 두 종류가 있다. 갈치젓국은 짙은 밤색을 띠고 주로 김치에 이용된다. 갈치젓의 살은 잘게 찢어 갖은양념을 하여 밥반찬으로 이용된다.

✻ 재 료

갈치 1상자(15kg), 굵은 소금 4~5kg

✻ 만들기

1. 갈치는 비늘이 벗겨지지 않은 싱싱한 것으로 골라서 소금물(물 : 소금 = 2 : 1)로 헹구어 큰 갈치는 내장을 제거하고 작은 것은 전 부위를 사용한다.
2. 갈치의 아가미와 배 부위에 굵은 소금을 가득 넣고 항아리 밑에 소금을 깐 다음, 갈치가 겹치지 않게 나란히 놓은 뒤, 그 위를 다시 소금으로 갈치가 보이지 않을 정도로 넣는다.
3. 2의 위에 비닐을 항아리 지름 크기로 잘라 덮고, 소독한 돌로 눌러서 뚜껑을 잘 덮어 시원한 곳에서 2~3개월 숙성시킨다.

5) 오징어젓

오징어가 제철인 6~8월에 담그는 것이 좋다. 오징어의 내장만 제거하고 담기도 하고, 오징어를 처음부터 잘게 채 썰어서 염장하여 숙성시키기도 한다.

✴ 재 료

물오징어 10kg, 굵은 소금 2.5kg

✴ 만들기

1. 오징어는 싱싱한 것을 골라서 내장을 제거하고 깨끗하게 손질하여 소금물에 씻어 물기를 뺀다.
2. 항아리에 소금을 켜켜이 뿌리면서 오징어를 차곡차곡 담는다.
3. 맨 위에 오징어가 보이지 않을 정도로 소금을 듬뿍 뿌린다.
4. 열흘 정도 지나 오징어를 꺼내어 찬물에 씻어 물기를 빼고 채썬 후 고춧가

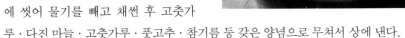

루 · 다진 마늘 · 고춧가루 · 풋고추 · 참기름 등 갖은 양념으로 무쳐서 상에 낸다.

6) 명란젓

명란젓은 명태의 알집을 북어 제조 시 수거하여 염장 · 발효하는 것이다. 명란젓은 짠맛과 구수한 맛, 연분홍색이 특징이다. 갖은양념을 하여 밥반찬으로 먹거나 맑은 찌개로 끓이기도 한다.

✴ 재 료

명란 1kg, 소금 150g

✱ 만들기

1. 명란은 싱싱하고 알이 터지지 않은 것을 고른다.
2. 옅은 소금물에 담가 살살 헹궈 채반에 놓아 물기를 뺀다.
3. 조그마한 항아리에 2를 차곡차곡 담아 그 위에 소금을 두껍게 뿌려 살짝 눌러 뚜껑을 덮어서 2주일쯤 두어 익힌다.

7) 창란젓

창란젓은 명태의 창자부위를 염장 · 숙성시켜서 만든 것으로 쫄깃쫄깃한 조직감과 붉은 회색이 특징이다.

✱ 재 료

창란 1kg, 소금 250g

✱ 만들기

1. 창란을 싱싱한 것으로 골라서 옅은 소금물로 내장 안에 있는 이물질을 제거하고, 깨끗이 씻은 후 3% 정도의 소금물에 담가 24~48시간 정도 두었다가 채반에 건져 물기를 뺀다.
2. 항아리 맨 밑에 소금을 한 켜 깔고 소금에 버무린 창란과 소금을 켜켜이 담고, 맨 위에 창란이 보이지 않도록 소금을 두껍게 뿌리고 뚜껑을 덮어 15℃ 정도의 음지에서 3개월 정도 숙성시킨다.
3. 창란젓에 맛이 들면 고춧가루 · 참기름 · 깨소금 · 다진 파 등으로 양념하여 무쳐서 밥반찬으로 한다.

8) 어리굴젓

어리굴젓은 겨울철에 싱싱하고 크지 않은 생굴에 무·밤·배 등의 부재료를 많이 넣어 고춧가루·파·마늘을 넉넉히 넣고 담근 것으로 오래 두고 먹는 젓갈이 아니다. 지역에 따라 조밥이나 찹쌀풀을 넣기도 한다.

✱ 재료

> 굴 1kg, 소금 100g, 무 100g, 배 1개, 밤 5개, 고운 고춧가루 5큰술, 파 50g, 마늘 30g,
> 생강 10g

✱ 만들기

1. 굴은 껍데기를 골라내고 옅은 소금물에 깨끗이 씻어서 소쿠리에 건져 소금을 뿌려 둔다.
2. 무와 배는 사방 1.5cm의 사각형으로 납작하게 썬다. 밤은 껍질을 벗겨서 굵은 채로 썬다.
3. 파, 마늘, 생강은 곱게 채썬다.
4. 무와 배에 먼저 고춧가루를 넣어 고루 색이 들게 버무린 다음 굴과 나머지 양념을 넣어 버무려 작은 항아리에 담고,

서늘한 곳에 두어 2~3일 후부터 먹기 시작하여 열흘을 넘기지 않도록 한다.

9) 조개젓

조개젓은 바지락과 같은 작은 조갯살을 염장하여 숙성시킨 것으로 고유의 향미성분과 짠맛이 특징적이다. 조개젓은 소금만 뿌려 담가서 숙성 후 먹을 때 갖은 양념하여 무쳐서 밥반찬으로 한다.

✱ 재료

> 조갯살 1kg, 소금 200g

✱ 만들기

1. 조갯살은 잘고 싱싱한 것으로 구하여 소금을 약간 뿌려 소쿠리에 밭쳐 조개 국물을 받아 놓는다.
2. 받아 놓은 조개 국물을 끓이면서 거품과 불순물을 걷어내고 식힌다.
3. 조갯살을 그릇에 담아 소금을 살살 섞어 작은 항아리에 담고 식혀 놓은 조개 국물을 붓고 뚜껑을 덮어 서늘한 곳에 두어 2주 정도 숙성시킨다.

10) 소라젓

소라젓은 소라의 살만 모아서 소금을 뿌려 담근 젓갈로 쫄깃쫄깃한 육질이 특징적이며 제주도에서 생산된다. 잘 삭은 소라젓을 먹을 때에 고춧가루, 다진 파, 다진 마늘 등을 넣고 무쳐서 밥반찬으로 한다.

✱ 재 료

소라 살 1kg, 소금 150g

✱ 만들기

1. 소라를 살만 떼어 큰 것은 2~4등분하고 작은 것은 그대로 소금을 뿌려 버무린다.
2. 작은 항아리에 차곡차곡 담고 위에 소금을 고루 뿌려서 뚜껑을 덮어 서늘한 곳에 저장한다.
3. 한 달 정도 지난 후 꺼내어 씻은 다음 얄팍얄팍하게 썰어 식초, 설탕, 깨소금, 고춧가루, 파, 마늘 등으로 양념하여 무쳐 먹는다.

11) 참게젓

참게젓은 참게에 간장을 반복하여 달여 부은 후 봉해 두는 것으로 짭짤하고 감칠맛이 있다. 참게는 가을에 크기가 10cm 이내인 작은 암케를 골라 장이 꽉 찼을 때에 담근다.

★ 재 료

참게 50마리, 간장 15컵, 생강 170g, 마늘 2통, 통후추

★ 만들기

1. 참게는 집게발을 꼭 붙들고 솔로 안팎을 깨끗이 씻은 다음, 항아리에 담아 간장을 붓는다. 이틀 후에 쏟아서 간장에 생강, 마늘을 저며 넣고 끓인다.
2. 끓이면서 거품과 불순물을 깨끗이 제거하고, 간장이 끓으면 식혀서 다시 게가 잠기도록 붓는다. 이렇게 서너 번 되풀이해서 꼭 눌러 봉해 두었다가 1개월 정도 지나 익으면 먹는다.

12) 꽃게장

꽃게장은 신선한 바닷게를 양념장에 재워서 바로 먹을 수 있는 게장으로 오래 두고 먹을 수 없다.

★ 재 료

꽃게(암케) 2.5kg

양념장 간장 2컵, 다진 파 1큰술, 다진 마늘 1큰술, 생강즙 3큰술, 참기름 2큰술, 설탕 3큰술, 깨소금 2큰술, 실고추 20g

★ 만들기

1. 살아 있는 꽃게를 솔로 문질러 씻어 끝다리와 등딱지를 떼고, 속을 말끔히 긁어 모아 다시 등딱지 속에 담는다.
2. 배 쪽은 세로로 2등분해서 아가미와 모래주머니를 떼어 내고 다리의 끝마디는 잘라낸다.
3. 간장, 파, 마늘, 생강즙, 참기름, 설탕, 깨소금, 실고추 등을 넣고 양념장을 만든다.
4. 양념장에 게를 담갔다가 건져 항아리에 차곡차곡 넣고, 등딱지에도 양념장을 담아 차곡

차곡 위에 얹는다.

5. 이틀 정도 두었다가 간장을 냄비에 가만히 부어 끓여서 식힌다. 다시 항아리에 부은 다음 3~4일이면 먹을 수 있다.

2. 식 해

식해는 우리나라의 함경도와 강원도의 동해안 지역에서 즐겨 먹는 음식으로 생선으로 만든 김치의 일종으로 볼 수 있다.

식해는 초기에 많았던 지방 분해세균은 숙성일수 10일 내에 거의 없어지고, 산 생성 세균, 효모, 단백질분해 세균이 증가하기 시작하였다가 단백 분해 세균은 숙성 10일 후부터, 효모는 숙성 14~15일 후부터, 또 산 생성 세균은 숙성 21일 후부터 감소하기 시작한다. 식해도 효모수가 최고조에 달할 때 가장 좋은 맛이 나게 된다.

1) 가자미식해

가자미식해는 염장된 참가자미와 좁쌀밥, 무를 합하여 고춧가루, 파, 마늘, 생강 등의 양념을 넉넉히 넣어 버무려서 삭힌다. 유산균 발효에 의하여 만들어지는 가자미식해는 저염제품으로 저장기간이 1~2개월로 비교적 짧다. 함경도 지방에서 잘 만들어 먹는다.

✱ 재 료

참가자미(小) 10마리, 소금 1/2컵, 메좁쌀 1컵, 무 200g, 실파 100g, 고운 엿기름가루 1/2컵, 다진 마늘 2큰술, 생강즙 1큰술, 정종 2큰술

✱ 만들기

1. 노란 참가자미는 내장과 머리를 제거하고 손질하여 소금을 뿌려 채반에 널어 이틀 정도 말린 다음 무거운 돌로 눌러 물기를 빼고 먹기 좋은 크기로 썰어 놓는다.

2. 무는 굵게 채썰어 소금에 살짝 절였다가 물기를 꼭 짠다. 실파는 5cm 길이로 썬다.

3. 메조밥을 되직하게 지어 소금 간을 한 후 식혀서 무채 절인 것과 가자미, 다진 마늘, 생강
   즙, 고춧가루, 엿기름가루를 넣어 빨갛게 버무린다.

4. 항아리에 꼭꼭 담고 돌로 누른 후 덥지 않은 곳에서 1주일 정도 익힌다.

2) 명태식해

명태식해는 명태가 많이 잡히는 함경도 지방에서 겨울철에 즐겨 먹는 젓갈로, 요즘
은 이북 실향민이 많은 속초 지방의 특산품이기도 하다.

✱ 재료

반쯤 마른 명태 1kg, 무 450g, 좁쌀밥 5컵, 엿기름가루 5큰술
양념 소금 3큰술, 고운 고춧가루 2컵, 다진 파 3큰술, 다진 마늘 2큰술, 다진 생강 2큰술

✱ 만들기

1. 반쯤 마른 작은 명태의 배를 가르고 반
   으로 잘라 길이 2cm로 썬다.

2. 무는 사방 2cm의 정사각형으로 얄팍하
   게 썰어, 고운 고춧가루로 빨갛게 물을
   들인다.

3. 좁쌀밥은 따뜻할 때 엿기름가루를 뿌리
   고, 양념을 넣어 버무린다.

4. 3에 1과 무를 함께 넣어 다시 버무려 항
   아리에 꼭꼭 눌러 담고, 위에 무청으로
   꼭 봉하여 따뜻한 곳에 두었다가 10일
   뒤쯤 밥알이 삭으면 차게 보관하면서 먹는다.

3. 어간장

어간장(액젓, fermented fish sauce)은 작은 어패류나 생선 내장을 일정 농도의 소금
에 절여 생선 자체에 존재하는 단백질 가수분해효소(protease) 작용으로 어육단백질

이 아미노산으로 분해되어 만들어진다.

어간장의 숙성은 원료 어패류 자체의 자기소화와 미생물의 작용에 의한 점은 젓갈의 숙성과 비슷하나, 젓갈의 숙성은 호기적 조건으로 단기간에 하는 것에 비하여 어간장의 숙성은 혐기적 조건에서 진행되는 부분이 많다. 제조기간은 약 1년 정도 걸린다. 주로 동남아시아, 중국, 일본, 한국 등지에서 만들어진다. 동남아시아에서는 조리에 가염조미료로 생선간장이 주로 쓰인다.

세계 각국의 어간장의 종류는 다음과 같다.

- 중국 : 어로(魚露), 하유(蝦油)
- 일본 : 숏쭈르(shottsuru)
- 태국 : 남플라(nampla)
- 베트남 : 느엉맘(noucmam)
- 필리핀 : 파티스(patis)
- 그리스 : 가로스(garos)
- 프랑스 : 피살라(pissala)
- 칠레 : 엔초비소스(anchovy sauce)

1) 어간장 만드는 법

멸치, 새우, 까나리, 실치, 정어리, 밴댕이 등 작은 생선을 이용한다. 우리나라에서는 보통 가정에서 젓갈을 담가 숙성시킨 다음 젓국을 떠서 어간장으로 이용한다. 멸치 어간장을 예를 들면, 멸치젓갈을 담가 6~7개월간 숙성시킨 후 숙성된 맑은 생젓국을 떠낸 후 나머지 건더기를 솥에 붓고 소금, 간장, 물을 가하여 달인 다음 면포에 맑게 걸러 낸 것이 멸치 어간장이다. 남해안 지방에서는 국의 간과 나물무침 등에 흔히 사용된다. 최근에는 소비량이 급증하면서 공업적으로 생산되고 있다.

멸치 및 까나리 액젓의 제조 방법
5월과 6월에 안면도에서 잡히는 1년 미만의 10cm 내외의 작은 까나리로 소금만 사용하여 담근 액젓은 고소하고 단백한 맛이 나고 비린내와 역겨운 냄새가 없는 것이 상품이다.

원료어 액젓의 원료로는 10cm 미만의 작은 생선으로 신선하고 살이 충실한 것이 좋다.

수세 및 이물질 제거 원료어를 3% 소금물에 가볍게 헹군 후 소쿠리에 담아 물기를 뺀다.

소금 혼합 원료어 중량의 20~25%에 해당하는 재제염을 준비해 둔다. 원료어와 소금을 넣고 골고루 혼합한 후 숙성 용기에 담고 윗부분에 소금을 다시 뿌리고 일정한 무게로 눌러 원료어가 바깥 공기에 노출되지 않도록 한다.

발효 · 숙성 소금 혼합 후 밀봉하여 15℃ 내외의 그늘지고 시원한 곳에서 1년 정도 숙성시킨다. 온도의 변화가 적은 토굴이나 지하 숙성고 등이 가장 적합하다. 숙성이 불충분하면 비린내가 난다.

여 과 숙성 후 생성된 젓국물을 맑은 액젓만 분리하여 여과포로 여과한다. 이 액젓이 최상품인 원액이다. 여과 후 남은 잔사는 다시 숙성용기에 넣거나 끓여서 가미 액젓을 만든다.

충 전 여과된 순수 액젓을 유리병이나 PET병에 담고 곧바로 뚜껑을 닫고 밀봉한다.

표 10-1 **액젓의 품질 기준**

항 목	KS규격		수산물 검사규격	
	액 젓	조미액젓	원 액	어간장
수 분	68% 이하	70% 이하	68% 이하	70% 이하
총질소	1.2% 이상	0.5% 이상	1.2% 이상	0.5% 이상
염 도	23% 이하	25% 이상	23% 이하	25% 이상
아미노태질소	600mg% 이상	300mg% 이상	–	–
색 택	고유의 색택 유지		진한 연갈색 유지	
향 미	고유의 풍미 유지, 이미 · 이취 없을 것		고유의 향미 유지, 이미 · 이취 없을 것	

자료: 심상국 외(2005). 발효식품학. 진로연구사

곡물
발효식품

11장

수렵과 채집에 의존하던 선사시대에는 식량 공급원이 고기나 열매였다. 섭취하는 영양성분은 주로 단백질이었고 이마저 불안정한 식생활이었다. 그러나 인류가 정착하여 생활하면서 농사를 짓기 시작하였고, 탄수화물이 주 공급원인 곡물이 식량자원이었다. 곡물은 오랫동안 보관이 가능하므로 주식으로 섭취하였으며, 이로 인해 안정한 식생활이 가능하게 되었다. 곡물의 주성분은 발효가 가능한 탄수화물인 전분으로, 곡물을 기본으로 한 발효식품은 전 세계에 널리 퍼져 지금까지 다양한 모습으로 내려오고 있다. 곡물을 이용한 발효식품으로 대표적인 것으로는 술과 빵이 있다.

효모는 당분을 이용하여 알코올과 탄산가스를 생성한다. 이때 생성된 알코올 성분은 술을 만들 수 있게 하고, 탄산가스는 곡물 가루를 부풀려 빵이나 떡을 만들 수 있게 한다.

1. 술

곡물의 전분은 다당류로 당화과정을 거친 후 효모를 첨가하면 알코올 발효가 일어나고 술이 만들어진다(그림 11-1). 사용된 곡물의 종류에 따라 술의 특성은 다르며, 발효과정에 따라서도 맛과 특성이 다르다. 술은 원료와 발효방법에 따라 단식발효와 복식발효로 나눌 수 있다. 단식발효는 과일주와 같이 당도가 높은 식품에 직접 효모를 첨가하여 직접 발효하는 형식이며, 와인이 여기에 속한다. 그러나 전분이 주성분

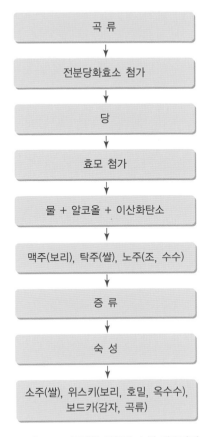

곡 류

↓

전분당화효소 첨가

↓

당

↓

효모 첨가

↓

물 + 알코올 + 이산화탄소

↓

맥주(보리), 탁주(쌀), 노주(조, 수수)

↓

증 류

↓

숙 성

↓

소주(쌀), 위스키(보리, 호밀, 옥수수),
보드카(감자, 곡류)

그림 11-1 곡물을 이용한 술의 제조과정

인 곡물의 경우 복식발효과정을 거치는데, 이는 전분을 발효가 용이한 당으로 당화과정을 거친 후 알코올 발효가 진행되는 것이다. 복식발효는 전분을 당으로 분해한 다음 알코올 발효를 진행하는 단행복식발효와 전분의 당화와 발효가 동시에 행하는 병행복식발효가 있다. 전자의 예로 맥주가 있으며, 후자의 예로 막걸리가 있다. 여기에 증류과정을 거치면 알코올 농도가 높은 증류주를 얻을 수 있다.

1) 맥 주

맥주의 종류
맥주는 고대 이집트와 바빌로니아 시대부터 만들기 시작한 알코올 음료로 역사가

상면발효맥주

하면발효맥주

여러 가지 맥주

길다. 보리의 싹을 틔워 전분당화효소를 얻고, 이 효소로 보리의 전분을 분해하여 얻은 당에 효모를 넣어 알코올 발효작용으로 만든다. 간단해 보이는 양조방식이나 전 세계에 맥주의 종류는 다양한데, 사용한 효모, 보리의 종류, 용수, 홉 등 맥주의 제조에 사용하는 재료에 기인한다. 특히 효모는 크게 2가지로 사용하는데, 이 효모들의 발효특성에 따라 상면발효맥주와 하면발효맥주로 나누며 맥주의 맛에 차이가 있다.

상면발효맥주는 발효 도중에 생기는 거품과 함께 상면으로 떠오르는 효모, 즉 호기성 효모를 사용하여 만든 맥주이다. 상면발효맥주는 18~25℃의 비교적 고온에서 1주 정도 발효 후 15℃에서 1주간의 숙성을 거쳐 만들어진다. 이 방법은 냉각시설이 개발되지 않았던 15세기 이전에 주로 사용하던 전통적인 양조법으로 영국의 스타우트(stout)맥주나 에일(ale)맥주가 여기에 속한다.

하면발효맥주는 발효가 끝나면서 가라앉는 효모(혐기성 효모)를 사용하여 만든 맥주로 10~15℃의 비교적 저온에서 오래 발효되며 일반적으로 라거(lager)맥주라고 부른다. 라거맥주는 5~10℃의 저온에서 7~12일 정도 발효 후 1~2개월 정도의 숙성기간을 거친다. 이러한 라거맥주 양조방법이 맥주의 품질을 안정화하기 위하여 개발된 보다 우수한 전통 양조방법으로 현재에는 영국을 제외하고 전 세계 맥주시장을 주도하고 있다. 우리나라 맥주도 하면발효효모를 이용한 라거맥주이며, 독일·미국·일본 맥주가 여기에 속한다. 맥주는 보리의 종류에 따라 색에 차이가 나며 맥즙의 농도, 알코올의 농도 등에 따라 여러 가지 타입이 있다.

맥주의 원료

보리　맥주 양조용 보리는 대맥이다. 우리나라에서는 이조대맥인 골든멜론(Golden melon)이 사용되며, 미국은 육조대맥을 이용한다. 맥주용 보리는 일반 식용보리와는 다른데, 보리알이 크고, 껍질이 얇으며, 발아율이 95% 이상 높고, 단백질 함량이 적으며, 전분의 함량은 높다. 보리의 단백질은 맥주의 거품 생성에 중요한 역할을 하나 함량이 높으면 홉의 탄닌 성분과 결합하여 맥주 혼탁의 원인이 되므로 맥주원료용 보리의 단백질 함량은 8~10% 내외인 것을 사용한다.

홉　홉(*Humulus lupulus L.*)은 뽕나무과의 다년생 넝쿨로 자라는 숙근성의 자웅이주이며, 맥주 양조에 사용되는 홉 성분은 암나무의 열매에서 얻은 홉수지와 홉유이다. 이것은 맥주 특유의 상쾌한 쓴맛을 내며 맥주의 기포성과 색깔을 좋게 한다. 무엇보다 홉은 방부제의 역할을 하기 때문에 맥주의 보존에 오래 전부터 사용되고 있다. 현재 우리나라에서 맥주 양조에 사용되는 홉은 대부분 수입에 의존하고 있다.

홉

효모　맥주 양조에 사용하는 효모(yeast)는 맥아즙의 당분을 분해하여 알코올과 탄산가스를 만드는 작용을 하는 미생물로서 발효 후기에 떠오르는 상면발효효모와 일정시간 경과하면 밑으로 가라앉는 하면발효효모가 있다. 따라서 맥주를 양조할 때 어떤 효모를 사용하느냐는 맥주의 품질에 중요하다.

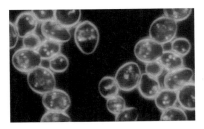

효모

양조 용수　맥주 양조에 사용하는 용수는 무색, 무미, 투명하고 맛이 좋으며, 청량한 음료수라야 한다. 수질의 선택은 제조하려는 맥주의 타입에 따라 다르나 일반적으로 담색 맥주에는 연수를 사용한다. 우리나라의 물은 연수로서 담색 맥주에 적합하여

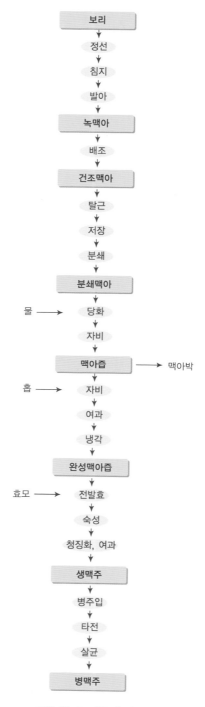

보리
↓
정선
↓
침지
↓
발아
↓
녹맥아
↓
배조
↓
건조맥아
↓
탈근
↓
저장
↓
분쇄
↓
분쇄맥아
↓
물 ⟶ 당화
↓
자비
↓
맥아즙 ⟶ 맥아박
↓
홉 ⟶ 자비
↓
여과
↓
냉각
↓
완성맥아즙
↓
효모 ⟶ 전발효
↓
숙성
↓
청징화, 여과
↓
생맥주
↓
병주입
↓
타전
↓
살균
↓
병맥주

그림 11-2 맥주의 제조공정

천연적으로 양질의 맥주를 생산하고 있다.

기타　맥주 양조 시 맥아전분의 보충 원료로 다른 전분질 원료를 첨가하여 사용하는데, 이는 알코올 생산을 원활히 하기 위해 더욱 당화시키기 위해서이다. 전분 보충 원료로 많이 사용되는 것이 옥수수와 백미인데, 일본에서는 감자전분, 고구마전분, 소맥전분 등을 이용하는 것도 있으며, 나라에 따라서는 포도당, 전화당, 설탕 등의 당류를 이용하는 곳도 있다.

맥주 제조공정

맥주의 제조공정은 제맥, 양조, 제품화의 세 공정으로 나눌 수 있다. 제맥 공정은 보리를 발아시켜 맥아를 만드는 과정이며, 양조는 효모를 첨가한 알코올 발효과정으로 맥주의 양조과정의 중심이며, 여과와 청징화과정, 포장과정을 거쳐 제품화된다(그림 11-2).

제맥공정(맥아제조과정)

맥아를 만드는 주목적은 당화효소를 얻는 것이다. 보리 발아 시 전분을 분해하는 아밀라아제의 활성이 강하므로 이를 이용하여 보리전분을 당화시키고 또한 알코올발효가 일어나도록 하기 위함이다. 맥주 양조에 사용하는 맥주는 발아력이 좋은 것으로 사용한다. 수확된 보리는 제맥 공장의 창고에 일정기간 저장하여 충분한 발아력이 생길 때까지 휴면기간을 둔다. 입자의 크기나 형태가 일정하게 선별된 보리를 물에 담가 두어(12∼14℃) 발아에 필요한 수분을 흡수시킨다. 침지한 보리는 발아실의 작은 구멍이 있는 발아상(發芽床)으로 옮기고, 습한 공기를 통하면 보리는 일제히 발아를 시작한다. 발아 중의 보리는 호흡작용에 의해서 열과 이산화탄소가 발생되므로 12∼17℃의 공기를 통과시켜 온도를 일정하게 유지하며, 동시에 산소를 공급하고 이산화탄소를 배출시킨다. 발아한 지 약 1주일 후에는 수 개의 어린 뿌리가 보리곡립의 하단에서 곡립 길이의 약 1.5배로 자라고, 싹은 곡립의 홈을 따라 곡립 길이의 2/3까지 자란다. 발아를 시작한 지 6∼7일째부터 건조공기를 불어 넣어 뿌리를 건조시킨다. 이러한 과정을 거치게 되면 발아 시작부터 7∼8일에 발아는 완료되고, 곡립 전체가 가루처럼 연하고 손가락으로 부스러뜨릴 수 있는 상태가 된다. 이것이 녹맥아(green malt)이며, 수분 함량은 약 42∼45%이다. 발아가 끝난 녹맥아를 수분 함량 8∼10%로 건조시킨다. 건조과정 후 맥아의 뿌리를 제거하여 정리하는데, 이는 맥주에 불쾌한 쓴맛을 주며 또한 착색의 원인이 되기 때문이다. 이러한 과정을 통해 맥아가 더 이상 자라는 것이 중지되며 맥아가 완성된다. 이 맥아에 부가적인 열처리를 더 해서 수분 함량을 4% 이하로 감소시키는데, 이 과정은 맥주에 향미와 색이 증진되므로 맥주 제조 시 소량 첨가하여 사용하기도 하며, 가격이 비싸므로 가격이 저렴한 보리를 볶아서 첨가하여 맥주를 제조하기도 한다. 맥아를 제조하여 20℃ 이하에서 저장하면서 필요할 때마다 사용한다.

담금공정(맥아즙 제조공정)

담금공정은 발아보리의 당화를 진행하는 과정으로, 맥아의 분쇄, 당화, 여과, 끓임, 홉 첨가, 가열응집물 제거, 냉각, 산소를 주입하는 공정으로 이루어진다. 저장한 맥아를 분쇄하여 부원료를 따뜻한 물에서 전분당화효소의 추출이 용이하도록 한다. 이때 당을 더 얻기 위해, 그리고 맥주의 향과 맛, 색을 위해 곡류를 더 첨가하는데, 부원료로 사용하는 곡류는 쌀, 밀, 호밀, 옥수수, 수수 등이 있다. 이들 곡류는 보리와 전분 호화온도가 다르므로(표 11-1) 충분한 호화가 일어나게 미리 열처리한다. 우리나라와 일본에서는 쌀과 옥수수를 사용한다. 보리의 전분과 부재료의 전분은 맥아에 함유되어 있는 전분 가수분해효소(amylase)가 충분히 용출되어 당화과정이 진행된다. 당화가 충분히 진행 후 이것을 여과한다. 당화가 끝나면 1~2%의 홉을 첨가하여 1~2시간 동안 끓여서 홉의 쓴맛이 용출되게 하고 동시에 맥아즙도 살균한다. 끓이는 동안 침전물이 생기므로 여과하여 없애면 맥아즙을 얻을 수 있다.

표 11-1 **전분 부원료의 호화온도 비교**

전분질 부원료	호화온도(℃)
보 리	52~59
밀	58~64
호 밀	57~70
옥수수	62~72
쌀	68~77
수 수	68~77

자료 : 이삼빈 외(2004). 발효식품학. 도서출판 효일, p.229

발효공정

맥주 제조에 중요한 단계로 당화된 맥아즙에 효모를 넣어 발효를 하는 과정이다. 발효는 발효(fermentation)와 숙성(maturation)과정을 거치게 된다. 냉각된 맥아즙에 0.5% 정도의 맥주 효모를 첨가하여 알코올 발효를 한다. 이 과정에서 효모는 전분이 당화하여 얻어진 맥아당을 알코올로 전환시키게 된다. 발효과정은 발효실의 개방된 용기나 밀폐식 탱크에서 행하며, 하면발효의 경우 5~10℃에서 8~12일 걸린다. 이 과정에서 알코올, 유기산, 에스테르 등이 생성된다. 발효 종료 후 응집해서 액면에 뜨는 것은 상면효모이고, 밑에 가라앉는 것은 하면효모이다. 발효가 끝난 미숙성 맥주는 맥주 본래의 향과 맛은 없다. 발효과정을 거친 미숙성 맥주를 저장탱크로 옮겨서 0℃ 이하의 저온에서 1~3개월간 숙성시키면 맥주 중의 효모 및 부유물이 침강되고 탄산가스가 용해되어 맥주 특유의 맛과 향이 생기게 된다.

제품화

숙성된 맥주는 혼탁한 물질을 제거하기 위해서 여과하면 투명한 맥주를 얻는다. 여과를 끝낸 맥주는 압력탱크에 저장한다. 이후 압력탱크의 맥주를 병, 캔, 또는 생맥주통에 담고 포장하여 제품화한다.

여과 후 살균하지 않고 여과기로 효모를 제거한 것이 생맥주이며, 병이나 캔에 주입 전 또는 주입 후에 살균하여 보존성을 부여한 맥주가 일반적인 병맥주, 캔맥주이다. 생맥주 중에는 수는 극히 적으나 효모나 그 외의 미생물이 존재할 수 있으며 병포장 후 시일이 경과하면 번식하여 혼탁하거나 향미가 변화될 수 있다.

3) 탁주 · 약주

우리 민족 고유의 술로서 도시의 서민층과 농어민에 이르기까지 다양한 사람들이 좋아하는 술이 약주와 탁주이다. 예전에는 집에서 제조했기 때문에 집집마다 그리고 지방마다 술맛은 다양하여 집안의 대표주, 그 고장의 이름난 술이 많았으나 일제 강점기에 주류 제

탁주와 약주

조를 통제하고 전후 식량의 부족으로 쌀로 만드는 술을 밀가루로 제조하는 등 원료의 대체와 제조방법이 단순화되면서 그 고유한 풍미가 많이 사라졌다. 그러나 근래에 들어와서 전통 약주와 탁주의 제조기술을 발굴하고 보존하여 발전하기 위해 정부는 명인제도를 실시하는 등 그 보존과 소비에 힘쓰고 있다.

예부터 약주와 탁주를 담그는 순서는 누룩 만들기, 주모 만들기, 술덧 담그기, 거르기 등으로 되어 있다. 약주와 탁주의 제조과정을 살펴보면 당화과정과 발효과정이 분리되지 않고 동시에 이루어지는 병행복발효의 과정을 거친다. 약주의 제법은 지방마다 차이는 있으나 일반적인 과정은 쌀로 지은 지에밥, 누룩(분곡), 물로 밑술을 담그고 15일 정도 숙성시킨다. 다시 찹쌀과 누룩(분곡)을 끓여서 식힌 것을 위에 덮어 20일 정도 두면 술덧이 완성된다. 이 술덧을 압착 여과하면 약주가 된다. 이에 비해 탁주는 누룩으로 조곡을 사용한다.

원료

약·탁주의 원료는 현재 주세법에 의하면 쌀뿐만 아니라 밀가루, 옥수수, 보리쌀, 고구마 전분, 포도당 등이 사용 가능하며, 누룩을 비롯한 발효제가 사용된다. 발효제는 사용되는 용도에 따라 다양하며 그 용어는 표 11-2에 정리하였다.

표 11-2 **발효제의 용어 정리**

발효제	특 성
누룩, 곡자	• 밀을 빻아 모양을 성형하여 곰팡이를 증식시킨 것 • 곰팡이의 전분 당화효소를 이용하여 전분을 당화시키는 용도로 사용 • 분곡 : 고운 밀가루로 만든 누룩, 약주용 • 조곡 : 분곡용 밀가루를 빼고 남은 기울 혹은 거친 밀가루로 만든 누룩, 탁주용
종국(種麴)	누룩의 종균으로 사용된 곰팡이
입국	국(麴)은 전분원료를 증자한 후 곰팡이를 증식시킨 것으로 전분을 당화시키는 용도로 사용
코지(koji), 개량곡자, 국(麴)	누룩에 있는 곰팡이 가운데 당화력이 좋은 *Asp. oryzae*나 *Asp. kawachii*을 순수 배양한 것
주모(酒母)	• 술밑 • 효모를 증식 배양한 것 • 당을 알코올발효시킬 수 있다.

제조과정

약 · 탁주 제조과정은 누룩 만들기, 주모 담그기, 술덧 담그기, 마무리의 과정으로 이루어져 있다.

누룩 만들기

곡류와 같이 전분질이 많은 식품으로 술을 만들 때 미생물을 이용하여 당화와 알코올 발효를 한다. 자연계에 있는 미생물을 배양하는 의미로 누룩(곡자)을 만들어 사용해 왔다. 이때의 미생물은 자연접종된 것으로 곰팡이 종류인 *Rhizopus*, *Aspergillus*, *Mucor*속이 있으며, *Saccharomyce*속의 효모, 고초균, 젖산균, 초산균 등이 있다. 이에 비해 코지(koji)는 살균한 곡류에 순수배양한 *Aspergillus*속을 비롯한 곰팡이를 순수 배양한 것으로 배양제로 사용하는 곡류에 따라 쌀코지, 보리코지, 밀기울코지, 콩코지 등이 있다.

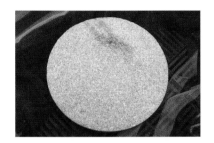

누 룩

누룩은 원료 밀의 입도에 따라 분곡과 조곡으로 나눈다. 분곡은 밀을 곱게 빻은 것으로 주로 약주용이다. 조곡은 거칠게 부순 밀로 만든 것으로 탁주나 소주용으로 쓰인다. 누룩의 재래식 방법은 밀과 물을 반죽하여 보에 싸서 누룩 틀에 넣고 성형한 다음 쑥으로 싸서 부엌의 시렁이나 온돌방의 벽에 매달아 놓고 띄운다. 요즘 사용하는 개량식 누룩은 거칠게 빻은 밀에 물 20~25% 넣고 잘 반죽하여 나무틀에 넣고 성형한다. 이것을 제국실에서 10~15일간 미생물을 번식시킨 다음 건조실에서 30~35℃에서 건조한다. 건조된 누룩은 수분 함량 12% 이하이며, 모양은 원형이 많고 크기는 0.8kg와 1.6kg가 많다.

주모 담그기

발효제인 누룩이 준비되면 물과 발효제, 쌀을 담금 비율에 따라 주모(酒母)를 담근

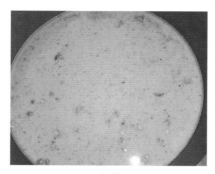
술 덧

다. 주모의 역할은 미생물을 증식 배양한 일종의 스타터이다. 이때 상당량의 산도 생성되어 잡균의 오염을 방지하면서 담금과정에서의 효모에 의한 알코올발효가 원만히 이루어지게 한다. 약·탁주용 주모는 입국만을 원료로 하여 담그는 수국주모가 널리 사용된다. 수국주모는 입국만을 사용하는데, 입국자체가 가지고 있는 젖산이 있어서 젖산을 따로 첨가하지 않아도 한다. 주모를 담그는 과정은 그 비율이 중요하다. 일반적으로 입국 10kg에 대하여 물 13L, 종효모 100ml의 비율이다. 살균한 용기에 물을 전량 넣고 종효모를 넣어 잘 섞은 후 입국을 섞어 잘 교반하여 22~24℃에서 4~5일만에 숙성된다. 종효모를 넣지 않는다면 숙성이 2~3일 늦어진다. 이 과정 중에서 발효제로 첨가한 입국에 있는 당화효소에 의해 전분분해가 왕성히 일어나고 동시에 효모에 의해 알코올 발효가 진행된다.

술덧 담그기

약·탁주는 2단 담금을 하는데, 이는 2번에 걸쳐 술을 담근다는 뜻이다. 2번에 걸쳐 담그기 때문에 알코올 발효가 더 진행되므로 알코올의 함량이 14~15%까지 얻을 수 있다. 담금용수에 입국, 곡자, 쌀밥, 주모 등을 섞어 알코올 발효를 원활히 일어나게 하면 술덧을 얻을 수 있고, 이것을 여과하면 약주나 탁주가 된다. 술덧을 담그는 비율은 표 11-3과 같다.

1단 담금은 입국, 주모, 용수를 섞어 담는다. 1단 담금의 역할은 입국에 있는 곰팡이 유래 효소를 충분히 용출하여 전분을 당화하며, 또한 분해된 당을 원료로 효모에 인한 알코올 발효가 충분히 진행되는 단계이다. 2단 담금은 표 11-3에서 보는 바와 같이 덧밥과 누룩, 용수를 더 넣는다. 결국 전분의 급원이 더 늘게 되고 당화과정과 알코올 발효과정이 더욱 진행되므로 알코올과 향미성분이 더 생성된다. 1단 담금 후 24~48시간이면 효모의 증식이 왕성하므로 2단 담금을 다시 시작한다. 2단 담금의 과정은 2~3일 정도면 약간 미숙한 상태인데 탁주가 이 상태이며, 약주는 4~5일 정도로 발효를 좀 더 진행시킨다. 발효가 진행되면서 pH, 산도, 알코올의 농도 변화는

표 11-3 약 · 탁주 술덧의 담금비율

담금 예		I	II	III	IV
입 국	주 모	2	2	2	2
	1단	8	18	33	28
	2단	–	–	–	–
덧 밥	1단	–	–	–	–
	2단	90	80	65	70
주원료 총계		100	100	100	100
누 룩	1단	–	–	–	–
	2단	2.5	2.5	2.5	5.0
용 수	주 모	3	3	2.5	2.6
	1단	12	27	49	42
	2단	144	136	117	126
	총 계	159	166	168.5	170.6

자료 : 이삼빈 외(2004). 발효식품학. 도서출판 효일, p.213

표 11-4와 같다.

　1단 담금 24시간 후는 알코올의 농도 6.5%이며 산도가 높은 상태로 다른 잡균의 생성을 막으면서 알코올 발효가 진행되는 단계이며, 2단 담금은 본 발효의 의미로 전분질을 더 보충하였기 때문에 전분의 당화와 알코올 발효가 왕성하게 진행되는데,

표 11-4 발효 중 술덧의 변화

발효시간		pH	산도(ml)	알코올(%)	술덧의 온도(℃)
1단 담금	24시간	3.4	17.1	6.5	23
2단 담금	직후	4.1	7.0	3.5	20
	12시간	3.9	7.4	9.2	28
	24시간	4.0	7.7	12.5	32
	36시간	4.1	8.0	14.0	32
	60시간	4.2	8.0	14.8	27
	80시간	4.3	8.2	15.2	24

자료 : 이삼빈 외(2004). 발효식품학. 도서출판 효일, p.214

담금 24시간과 36시간에 술덧의 온도가 32℃로 가장 왕성한 시기이다. 이때 온도는 28~32℃로 유지하여야 하므로 하루에 2~3회 정도 저어 주면서 온도를 유지한다. 2단 담금의 발효 중 산도는 일정하게 유지된다. 이보다 높은 경우 술덧이 산패된 것으로 규정한다. 발효과정 중 효모의 농도는 담금 후 최고 2,000배 정도 증가되며, 4×10^8/ml의 생균수를 유지한다.

마무리하기

2단 담금을 마친 술덧을 여과·열처리하는 과정이다. 숙성된 술덧의 알코올 함량을 측정하여 농도에 맞추어 물을 첨가한다. 물이 첨가된 술덧을 체에 걸러서 포장한 것이 탁주이다. 약주는 술덧을 자루에 넣고 압착하여 여과한다. 여과액의 알코올을 11%로 조정한 후 청징화 과정을 거친다. 저장성의 향상을 위해 60℃에서 저온 살균하여 포장한다.

옛 문헌에 소개된 술 만드는 방법

자료 : 정부인 안동장씨(2007). 음식디미방. 영양군

누룩 만드는 방법

술을 만들 때 미리 준비해 두어야 하는 것이 누룩이다. 누룩은 음력 6월에 디디면 좋고, 혹은 음력 7월에 디뎌도 좋다. 날씨가 매우 더울 때는 마루방에 두 둘레씩 매달아 놓고 자주 뒤적거려려야 한다. 그래도 서로 닿아 바람이 통하지 못해 썩을까 걱정되면 한 둘레씩 떼어서 바람벽에 기대어 세워 놓는다. 누룩은 밀기울 5되에 물 1되씩의 비율로 섞어서 누룩 틀에 넣고 꽉꽉 밟아 디뎌 뺀다. 혹 비가 오는 날이면 더운 물로 디딘다. 또 날씨가 서늘하면 짚방석을 마루에 깔고 서너 둘레씩 늘어놓은 다음, 그 위에 고석을 하나 덮고 띄우는 데 서로 몸이 닿지 않게 하고 골고루 자주 뒤집어 잘 띄워야 한다. 자주 뒤집기를 게을리하여 꺼멓게 썩히지 말아야 한다. 거의 다 뜬 것은 노르스름한 색을 띠고 향긋한 냄새가 난다. 하루 볕을 쬐어 말려서 다시 고석에 펴놓고 덮어 더 띄운다. 낮에 볕이 들면 덮어 두었다가 밤에는 바깥에 내놓아 이슬을 맞히는 일을 여러 날 되풀이한다. 비가 올 듯한 날은 밖에 두지 말고 거두어 둔다.

전통 술 담그기

양조하는 술은 물과 누룩과 곡물(멥쌀, 찹쌀, 보리쌀 등)의 분량의 배합법을 달리하

고 술이 익히는 날짜를 짧게는 하루부터 몇 년을 두고 먹을 수 있는 술에 이르기까지 수십 가지 방법이 있다. 술의 종류를 익는 날짜로 분류하여 빠른 것부터 먼저 설명하기로 한다. 또 그 가운데서도 단번에 빚어서 뜨는 술이 있고, 밑술을 해 놓고 그 다음 덧술을 하는 방법이 있다. 숙성기간이 짧은 1주일주(酒)와 3일주는 밑술 없이 담그고, 7일주 이상은 모두 두 번 이상 담그는 술이다.

밑술 만드는 방법

쌀 1되를 뜨물이 나오지 않을 때까지 여러 번 씻어 물 2되에 담가 두고, 이레(7일 정도) 만에 그 물에 담근 채로 밥을 지어 차게 식힌다. 누룩을 한 홉만 섞어 술을 빚듯이 해 두었다가 사나흘(3~4일) 후에 이 술을 밑술로 삼아 술을 담근다.

감향주(甘香酒)

멥쌀 1되를 깨끗이 씻어 가루로 낸다. 그 가루로 구멍떡을 만들어 삶아 식혀 놓는다. 삶던 물 1사발에 누룩가루 1되, 구멍떡 1되를 섞어 쳐서 관단지(술독)에 담는다. 찹쌀 1말을 깨끗이 씻어 밑술을 만드는 날 물에 담갔다가 3일 후 찐다. 식지 않았을 때 밑술을 퍼내어 항아리에 넣고 섞는다. 더운 방에서 항아리 밖을 여러 겹 싸두었다가 익으면 먹기 시작한다.

죽엽주(竹葉酒)

멥쌀 4말을 깨끗이 씻어서 물에 담가 잰다. 무르게 쪄서 식으면 끓여 식힌 물 9사발에 누룩가루 7되를 섞어서 독에 넣어 서늘한 데 둔다. 스무날(20일) 만에 찹쌀 5되를 무르게 쪄서 식으면 밀가루 1되를 섞어 넣는다. 7일이면 술빛이 대나무잎 같고, 맛이 향기롭다.

술독 관리법

술독을 새로 고를 때는 잘 구어진 것을 고른다. 옛날에는 오지독을 관독이라 하고 노관독도 있어 술독으로 가장 좋다고 하였다. 술을 빚기 전에 독 안팎을 물로 깨끗이 씻고 청솔가지를 독 속에 가득히 넣은 다음 물이 끓는 솥 위에 거꾸로 얹고 불을 오래 때서 더운 김으로 소독을 한 다음 써야 술맛이 좋다. 김치나 장을 담아 두었던 독은 냄새가 날 뿐더러 술이 발효할 때 유해한 균이 작용하여 자칫 술맛을 망치기 쉽다.

청솔가지를 넣고 찌는 방법을 더 잘 해야 쓸 수 있다. 술독은 전용으로 쓰는 것이 좋으나 전용으로 쓸 때는 극히 조심해야 한다. 발효식품은 사소한 일로 맛을 그르치기 쉽기 때문이다.

술을 빚어 넣은 독은 추운 계절에는 짚을 거적처럼 엮어서 독 몸에 둘러서 옷을 입힌다. 또 더운 방에 두어야 할 경우에는 널빤지를 구들에 깔고 독을 올려놓아야 온기가 직접 독으로 올라오지 않아 술이 골고루 잘 익는다.

현재 시골에서 술 빚는 방법

★ 재 료

쌀 8kg, 누룩 4kg, 물 10kg, 소주 1.8L, 이스트 20g

★ 만들기

1. 쌀은 뜨물이 나오지 않을 정도로 깨끗이 씻어 하룻밤 불린 후 물기를 빼 놓는다.
2. 시루(혹은 찜기)에 면보를 깔고 불린 쌀을 놓고 고두밥(지에밥) 형태로 찐다.
3. 누룩은 손톱 크기 정도로 부수어 놓는다.
4. 고두밥이 다 되면 넓은 면보에 쏟고 펼쳐 김을 뺀다. 여기에 부수어 놓은 누룩을 잘 섞는다.
5. 고두밥과 누룩을 섞은 것을 독에 담고 물을 붓는다. 소주와 이스트도 넣는다.
6. 독 주변에 이불을 덮어 놓는다.
7. 여름에는 3~4일, 겨울에는 일주일 정도 지나 밥알이 가라앉고 붉고 투명한 액체가 생기게 되면 술이 다 된 것이다. 술이 익기 시작하면 향긋한 냄새가 나고 맛이 달다.

붉은빛의 투명한 액체가 주로 마시는 술(약주)이다. 아래 부분의 건더기를 체에 거르면 뽀얀색의 막걸리가 된다. 밥알이 뜨면 동동주이다.

4) 소 주

소주는 곡류를 양조하여 술을 얻은 후 이를 다시 증류하여 제조한다. 쌀, 보리, 옥수수 등의 곡류와 감자, 고구마 등을 황곡균이나 흑국균 등의 누룩으로 전분을 당화하여 알코올 발효한 후 다시 증류한다. 주원료에 따라 찹쌀소주, 멥쌀소주, 보리소주,

좁쌀소주라 하고, 찹쌀과 멥쌀을 섞어서 만든 것을 노주(露酒)라고 부르기도 한다. 약재를 넣어 제조하기도 하는데, 넣은 약재의 이름을 붙여 홍주, 이강주, 구기자주, 매실주, 국화주 등으로 부른다.

제조는 문헌상 고려 시대 때부터 시작한 것으로 알려져 있으며, 조선 시대와 현대에 와서도 뚜렷한 변화는 없다. 구체적인 제조방법으로는 곡류(쌀, 찹쌀, 보리, 좁쌀)에 누룩을 넣어 발효시켜 얻은 양조주를 증류기(그림)에 넣고 증류하는 방법으로 한두 번 증류해 받아낸다. 증류 시 술덧의 주원료와 부재료로 첨가된 가향, 약재에 의해 고유의 향기성분이 함께 추출되어 고유한 맛과 향을 간직한 소주가 만들어진다.

소주고리(증류기)

표 11-5 **기타 곡류 유래 증류주**

종 류	증류주
보리, 호밀, 밀, 옥수수	위스키
감자, 고구마, 보리	보드카
찹쌀	일본 청주
수수	고량주
조, 수수	노주(老酒)

2. 빵과 증편

밀가루 반죽에 발효원으로 효모를 넣게 되면 원래 있었던 당분과 밀가루의 당화효소에 의해 생성된 당분이 효모에 의해 발효가 된다. 서양 문화에서 빵은 생명의 양식이며 문화의 상징이다. 빵은 굽거나 튀기거나 찌는 등 세계 여러 나라마다 만드는 방법은 다양하나 발효과정을 거치는 것은 같다. 빵을 만들 때 발효원으로 쓰이는 것은 효모이다. 가장 많이 사용하는 것은 효모균인 *Saccharomyces cerevisiae*이다. 이 효모는 맥주를 만들 때에도 사용한다. 맥주와 빵을 만드는 기술은 중앙아시아의 비옥한 초승달 지역에서 비슷한 시기에 발전하여 온 것으로 알려져 있다. 이는 빵을 만들 때 맥주를 넣어 빵을 제조한 기록이 있다. 우리나라에서 이용되는 증편은 쌀가루 반죽에 막걸리를 넣어 발효시킨 다음 수증기로 찐 효모발효식품으로 탄산가스로 부풀게 되고 막걸리의 알코올이 향미를 더해 준다.

1) 제빵 관련 미생물

효모는 탄수화물을 이용하여 알코올과 이산화탄소를 생산한다. 효모가 만들어 내는 물질 가운데 알코올은 산소가 없는 상황에서 더 많이 만들어지며, 산소가 충분히 공급되는 상황에서는 이산화탄소를 더 많이 만든다. 이산화탄소가 밀가루 반죽을 부풀어 오르게 하고 좀 더 가볍고 부드러운 질감을 갖게 한다. 발효과정 중 생기는 소량의 알코올은 굽는 동안 증발하나 빵의 냄새성분이 되기도 한다.

인류는 수천 년 동안 자연에 존재하는 효모를 이용하여 다양한 발효식품을 만들었다. 이 효모는 공기 중에 떠돌아다니며 탄수화물이 풍부하여 증식할 만한 상황이 되면 언제든지 증식한다. 현재 제빵에 사용하는 이스트는 한 가지 종류의 이스트로 자연계에 존재하는 가장 우세한 종을 집중적으로 배양한 것이다. 그러나 이러한 효모가 나오기 훨씬 전에는 자연계에 존재하는 천연 효모를 이용하여 빵을 만들었다.

자연계에 존재하는 천연 효모는 종의 다양성이 특징이다. 독특한 맛을 낼 수 있고 빵이 다양해질 수 있다. 술맛이 지역마다 다르듯이 빵맛도 지역마다 다를 수 있다. 천연 효모의 경우 개체수가 적어서 발효의 속도는 느리다. 그러나 오랜 시간 발효하게 되면 밀가루 글루텐은 더욱 분해되어 부드러워지고, 미생물이 만들어 내는 비타민을 비롯한 부산물의 양이 많아진다. 또한 유산균도 번식하여 젖산을 만들어 내므로 신맛이 나는 빵을 만들 수 있다. 결국, 한 가지 맛의 빵이 아니라 복잡하고 다양한 맛의 빵을 만들 수 있게 된다. 이러한 자연 효모를 배양하는 방법은 반죽을 조금씩 남겨서 새로운 반죽을 만들 때 넣는다. 이러한 방법으로 오랜 기간 동안 효모를 전해 줄 수 있었다.

천연효모 원종 만들기

자료 : 산도르 엘릭스 카츠(2007). 내몸을 살리는 천연발효식품. 도서출판 전나무숲

✱ 재 료

밀가루, 물, 유기농 과일

✱ 만들기

1. 항아리나 그릇에 밀가루와 물을 500ml씩 넣는다. 맹물대신 효모가 좋아하는 감자 삶은 물이나 국수 삶은 물을 식혀 넣어도 좋다.
2. 반죽을 힘차게 젓는다. 효모들이 좋아하는 단맛 나는 포도나 자두를 약간 넣는다.
3. 항아리 입구를 천으로 덮는다.
4. 21~27℃에서 보관한다. 공기가 잘 통하는 곳이 좋고 하루에 한 번 정도 반죽을 저어 준다.
5. 반죽에 거품이 생기면 과일을 꺼내고 3~4일 정도 매일 밀가루 15~30ml씩 더 넣고 반죽한다.
6. 반죽에 거품이 생기면 완성이다.
7. 빵을 만들기 위해 반죽을 쓸 만큼 덜어 내고 일부는 남겨 증식시킨다. 원종이 더 필요하면 물과 밀가루를 더 넣고 효모를 증식시킨다.

천연효모를 이용한 빵 만들기

✱ 재 료

밀가루 혹은 통밀가루, 호밀가루 2kg, 천연효모 500ml, 물 500ml, 소금 약간

✱ 만들기

1. 천연효모에 밀가루 1kg, 물 500ml을 섞어 반죽한다.
2. 따뜻한 곳에 놓고 젖은 천으로 덮어 8~24시간 두어 가끔 저어 준다.
3. 거품이 나기 시작하면 소금을 약간 넣어 준다.
4. 나머지 밀가루 1kg를 넣고 10분 정도 충분히 반죽한다.
5. 반죽을 그릇에 담고 다시 2차 발효를 한다.
6. 반죽이 1.5배 정도 부풀면 다시 반죽하고 빵의 모양으로 성형한다.
7. 1~2시간 정도 둔다.
8. 오븐을 205℃로 예열해 두고 40분 정도 굽는다.

시판이스트를 이용한 빵 만들기

★ 재 료

강력분 700g, 소금 6g, 생이스트 15g(또는 가루이스트 7g), 물 425ml

★ 만들기

1. 온도가 34~35℃ 정도의 미지근한 물에 이스트를 넣고 잘 푼다.
2. 큰 볼에 밀가루는 체 쳐서 넣고 소금을 넣은 후 이스트 푼 물을 넣고 손으로 반죽한다. 10 분 정도 힘차게 반죽한다.
3. 반죽이 다 되면 공처럼 동그란 모양으로 만들고 기름칠을 한 볼에 담고 랩으로 덮는다. 그 위에 젖은 행주를 덮어 1시간 정도 1차 발효를 한다.
4. 반죽이 3배 정도 부풀면 다시 반죽을 하면서 가스를 뺀다.
5. 반죽을 3등분(1개에 약 350g)으로 나누어 놓고 빵 모양을 잡는다.
6. 오븐 팬에 담아 2차 발효를 45분 정도 한다.
7. 오븐은 220℃로 예열한다. 2차 발효가 다 되었으면 위에 칼선을 넣고 오븐에서 35분 정도 굽는다.

증편 만들기

★ 재 료

멥쌀가루 10컵, 소금 1큰술, 막걸리 1.5컵, 설탕 1컵, 물(따뜻한 물 1.5컵), 고명 대추 5개, 석이 4장, 잣 1큰술

★ 만들기

1. 쌀가루는 체에 3~4회 정도 내린다.
2. 쌀가루에 막걸리, 물, 설탕, 소금을 넣고 나무 주걱으로 골고루 젓는다. 큰 그릇에 담고 랩을 씌운 뒤 천을 덮고 35~40℃에서 5~6시간 정도 1차 발효를 시킨다.
3. 3배 정도 부풀면 공기를 뺀 후 다시 2차 발효를 한다.

4. 고명을 준비한다. 대추는 돌려깎기를 한 다음 돌돌 말아 단면으로 썰고, 석이는 미지근한 물에 불려 채썬다. 잣은 고깔을 떼고 반으로 갈라 비늘잣을 만든다.

5. 2차 발효가 끝나면, 증편틀에 기름칠을 한 다음 반죽을 7부 정도 담고 고명을 얹어 3차 발효를 시킨다.

6. 약한 불에 15분 정도 찌다가 강한 불에 20분 더 찌고 뜸을 10분 정도 들인다.

12장

유 발효식품

식품은 인간에게 영양과 에너지를 제공하는 것과 마찬가지로 미생물의 발육을 지탱해 준다. 식품재료를 이용한 초기의 가공방법은 병원성 미생물과 유독물질을 생성하는 생물체의 발육을 억제하기 위하여 마련되었다. 오랜 시행착오를 거쳐 미생물의 작용으로 일어난 어떤 형태의 변질(deterioration)은 병원성 유해미생물의 오염을 막아 주는 동시에 맛과 향기를 향상시켜 주는 바람직한 것으로 받아들여지게 되었다. 이러한 식품을 발효식품(fermented food)이라고 한다. 오염된 미생물은 흔히 식품의 외관을 변화시켜 입맛을 떨어뜨리게 하거나 식품에 유독성분을 남겨 궁극적으로 그 식품을 먹을 수 없게 만들었으나, 때로는 미생물로 오염된 식품이 더 매력이 있거나 맛이 더 좋아 인간은 미생물과 함께 생활하는 방법을 배우게 되었다. 이러한 식품이 발효식품으로 개발되어 식품산업의 주요한 위치를 차지하게 되었다.

포유동물의 젖은 기름이 물에 분산되어 있는 에멀전으로서 지방구의 표면에 인지방질과 단백질이 흡착되어서 안정성을 유지한다. 가축의 젖을 인류가 수천 년 동안 이용했다는 것은 기원전 7천 년의 벽화에 소를 숭상하고 우유를 짜는 표현이 그려진 것으로 짐작이 간다. 우유류의 발효제품인 치즈와 발효유는 그 중의 주성분인 지방질과 단백질이 세균의 작용으로 신선한 우유에서 보다 더 안정한 상태로 보존된 식품이라 할 수 있다.

세계 곳곳에서 여러 가지 포유동물의 젖을 이용하여 여러 가지 다른 조건하에서 치즈(cheese)가 만들어지기 때문에 여러 가지 미생물의 발육이 가능하여 치즈는 인류의 일상식품 중 가장 다양한 것 중의 하나가 되었다. 발효유는 우유류가 산성으로 되어 안정화된 제품으로 치즈와 함께 매우 오래된 식품이다. 우유가 시어지면 향기롭고 안정된 제품이 되었고, 사용한 용기를 되풀이 이용하면 원하는 발효유를 얻을 수 있는 것을 알게 되었다. 우유 발효제품(fermented dairy products)에는 대표적인 것으로 치즈와 버터, 발효유가 알려져 있어 이 장에서는 미생물이 관여하고 있는 우유류와 우유 발효 제품에 대하여 알아보고자 한다.

1. 유 즙

1) 유즙의 구성성분 및 영양가

모든 포유동물의 젖샘에서 나오는 액체인 젖은 자기의 어린 새끼를 양육하기 위한 것으로 동물의 종류에 따라 영양적 요구가 다르므로 젖의 화학적 조성도 동물의 종류에 따라 다르다. 동물의 젖 중에서 사람들이 주로 이용하는 것은 세계적으로 널리 이용하는 우유(cow milk), 아시아와 남부 유럽에서 많이 이용하는 염소유(goat milk)와 양유(sheep milk), 그리고 인도에서 많이 이용하는 물소유(buffalo milk)가 있다. 유즙의 화학성분을 모유(human milk)와 비교해 보면 표 12-1과 같다.

젖은 동물의 종류에 따라 일반성분 및 지방산의 조성과 단백질 특성이 다르기 때문에 가공적성이 다르며, 인체에 섭취된 후의 영양·생리적 효과도 달라지게 된다. 같은 동물이라 하더라도 동물의 품종, 개체, 생리적 조건, 우유의 분비 시기, 환경, 건강상태, 연령, 착유단계, 계절, 사료, 착유빈도 등 여러 가지 조건에 따라 젖의 화학적 조성이 달라진다. 우유는 일반적으로 수분 82~89%, 단백질 3~4%, 지질 3~5%, 탄

표 12-1 **우유류 및 모유의 화학성분(%)**

종 류	고형분	지방질	단백질	젖 당	무기질
우유	12.60	3.80	3.35	4.75	0.70
염소유	13.18	4.24	3.70	4.51	0.78
양유	17.00	5.30	6.30	4.60	0.80
물소유	16.77	7.45	3.78	3.00	0.78
모유	12.57	3.75	1.63	6.98	0.21

자료: 이서래(1992). 가공식품학. 수학사.

수화물 4~5%, 회분 0.5~1%를 함유한다. 모유는 단백질 함량이 우유의 약 1/2에 불과하나 아미노산의 조성은 훨씬 더 우수하다. 특히 트립토판과 황을 가지고 있는 아미노산은 모유에 더 많다. 우유의 수분함량은 높아서 약 87%이며, 유당, 무기질과 수용성 비타민과 같은 영양성분은 수용액에 용해되어 있고, 단백질은 콜로이드상으로, 지방은 유화 분산되어 있다. 우유는 물리적 성질과 조직감이 보통 용액과는 다르기 때문에 특유한 풍미와 맛을 나타낸다.

우리나라는 동물의 젖 중에서 우유를 가장 많이 이용하고 있으므로 모든 종류의 젖을 의미할 때는 우유류(milks)라 표현하고 있다. 우유류의 이용방법은 액상우유(fluid whole milk), 변형우유(modified milk), 분리제품(separated product), 가공제품(processed product), 첨가제품(incorporated product)으로 나눌 수 있다. 액상우유는 원유를 단순하게 살균만 하던지 균질화시킨 것으로 흔히 시유라 부른다. 변형우유는 원유를 농축하거나 가미한 것으로 연유, 분유, 가향우유, 강화우유가 있다. 분리제품은 원심분리에 의하여 지방 함량이 서로 다른 제품으로 분별한 것으로 크림, 탈지우유가 있다. 가공제품은 우유를 주원료로 하여 액상이 아닌 고형식품으로 가공한 제품으로서 버터, 치즈, 아이스크림이 있다. 첨가제품은 우유를 일부 첨가하여 만든 제품으로서 초콜릿, 빵, 케이크, 과자 등이 있다.

우유의 소비량을 보면 식습관에 따라 다르기도 하지만 일반적으로 국민소득에 비례하여 증가한다. 우유류의 소비 형태를 보면 액상우유로 마시는 것과 다른 제품으로 가공하여 섭취하는 것, 그리고 사료첨가용으로의 이용을 볼 수 있다.

국내에서 우유제품(dairy products)의 종류별 생산 추세를 보면 생산된 원유는 초기에는 그 대부분이 시유로 판매, 소비되어 왔으며 원유의 생산량과 소비량 간에는 부족과 과잉현상이 수 년 간격으로 반복되면서 많은 문제를 야기하며 왔으나 근래에 와서는 우유 가공제품의 생산이 다양화되면서 이러한 문제가 상당히 해소되었다.

2) 보존 및 유통기준

우유는 사람에게 좋은 영양원이 될 뿐만 아니라 미생물이 성장하는 데 필요한 영양, 산소, 온도, 그리고 pH 등 모든 요건을 갖추고 있으므로 미생물은 매우 잘 번식하여 우유의 위생규격에서 세균수, 특히 오염의 지표인 대장균군은 엄격하게 규제되고 있다. 액상우유의 권장 유통기한은 살균제품일 경우 5일(0~10℃), 멸균제품일 경우 6주일로 되어 있다. 이들 제품은 다른 가공식품과 비교하여 보존기간이 짧고 취급, 보존성에 유의해야 한다. 살균제품은 0~10℃(보통 냉장고의 온도)에서 보관하여야 하며, 제품의 풍미에 영향을 줄 수 있는 다른 식품이나 첨가물과는 분리하여 보관하여야 한다. 또한 제품의 취급 시에는 포장상태가 손상되지 않도록 주의하여야 한다.

3) 우유의 처리공정

우유의 처리공정은 다음과 같다.

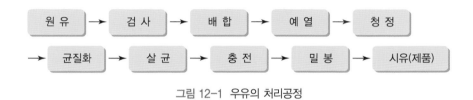

그림 12-1 우유의 처리공정

검사 및 배합(testing and blending)

원유는 〈축산물 위생처리법〉에 근거하여 검사하며 이 기준에 적합해야 한다. 이때 검사의 대상이 되는 항목과 규격은 표 12-2와 같다.

검사가 끝난 원유는 털, 사료 등의 이물을 제거하기 위하여 여과(straining) 후 계량하고 착유한 지 2~3시간 내에 5℃로 냉각한 후에 탱크에 저장한다. 원유는 여러 조건에 따라 성분이 달라지므로 필요한 경우에는 지방 함량이 낮은 것에 높은 것을 배합한다든지 유지방(butterfat)을 첨가하여 시유로서의 성분 규격에 적합하도록 지방함량을 일정하게 조정한다.

예열, 청정, 균질화 단계

저장한 원유는 살균온도에 가깝게 예열을 하는 동시에 청정과정을 거친 후 균질화된다. 우유 중에 3% 수준으로 함유되어 있는 지방분은 물보다 가볍기 때문에 가만히 방치해 두면 표면에 뜨게 되어 크림층(cream line)을 형성한다. 이를 방지하기 위하여 지방입자를 분쇄하여 작은 입자(1/10 크기)로 만드는 균질화 공정을 이용한다. 균

표 12-2 **원유의 검사기준**

항 목	규격 및 기준
외 관	우유 특유의 유백색을 나타내며 적당한 점도를 갖고 균일한 유상으로 응고물이 없을 것
후 각	특유의 향기를 갖고 사료취, 산패취 등의 이취가 없을 것
미 각	신선한 풍미를 나타내며 신맛, 쓴맛 등의 이상한 풍미가 없을 것
이 물	침사시험(sediment test)에서 2.0mg 이하
비 중	1.028~1.034(15℃, 부평식 비중계에 의함)
산 도	젖산으로 0.18% 이하(젖산으로서), 저지유는 0.20%
무지유고형분(%)	8.0 이상
조지방(%)	3.0 이상
세균수	1ml당 20,000 이하(멸균제품의 경우 55℃에서 1주 또는 37℃에서 2주 보관 후 표준 평판배양법에 의할 때 음성이어야 한다. 다만, 젖산균 첨가제품의 경우 젖산균수를 제외한다)
대장균군	1ml당 2 이하(멸균제품의 경우 음성이어야 한다)
포스파타아제	음성이어야 한다(저온살균제품에 한한다).
젖산균수	1ml당 1,000,000 이상(다만, 젖산균 첨가제품에 한한다)
알코올시험	적합(동량의 68% 알코올과 혼합 시 무반응일 것)
세균수	1급은 1ml당 400만 이하, 2급은 1ml당 400만 초과
지방 함량	법에는 없으나 일반적으로 3% 이상

자료: 축산물 위생처리법, 식품위생법 재정리

질화된 우유에서는 크림층이 생기지 않고 지방질의 소화흡수가 용이해지고, 마실 때 향미나 촉감도 좋아지는 동시에 커드(curd)를 만들 때 연해져서 단백질의 이용성도 향상된다.

살균(sterilizartion)

우유에는 많은 영양분이 존재하며 수분도 많으므로 여러 미생물에 오염될 수 있다. 생우유는 우유를 취급하는 과정에서 장티푸스, 성홍열, 디프테리아, 결핵 등의 균에 오염되어 있을 수 있으므로 살균하여 병원성 세균을 없애야 한다. 우유를 살균하는 목적은 인체에 해로운 미생물을 제거하고, 저장성 향상을 위해 세균수를 감소시키며, 지방분해효소(lipase)를 비롯하여 여러 효소활성을 파괴시키는 데 있다. 살균을 하게 되면 우유의 안전성이 확보되는 동시에, 보존성도 높아지게 되어 좋은 품질을 유지 할 수 있다. 살균의 종류는 저온 살균법, 고온 단시간 살균법, 초고온 가열법 등 이 있다. 이에 대한 자세한 것은 뒤에 설명하였다.

충전 및 밀봉(filling and sealing)

살균된 우유는 즉시 10℃ 이하로 냉각시킨 다음 용기에 채운다. 유리병의 경우는 우유를 채우고 종이마개(紙栓)를 씌운 다음 주변을 PVC 또는 폴리에틸렌 필름으로 밀봉하여 냉장실로 보낸다. 종이팩(carton pack)의 경우는 파라핀이나 플라스틱으로 코팅한 종이용기에 자동기계로 우유를 충전한 후 밀봉한다. 〈식품위생법〉에 근거한 제조기준에서 살균제품은 미생물의 2차오염이 방지되도록 자동포장 공정으로 충전해야 하며, 멸균제품은 멸균한 용기에 무균공정으로 충전, 밀봉해야 한다.

4) 우유의 살균 처리 방법

우유의 살균을 초기에는 결핵균을 살균하기 위한 최소한의 조건인 온도와 시간(62℃에서 30분)을 선택하였고, 가열살균법의 이론을 확립한 프랑스의 과학자 파스퇴르(Louis Pasteur, 1822~1895)의 이름을 따서 저온살균(pasteurization)이라 부르게 되었다. 그 후 살균장치의 개발에 따라 살균온도는 높이면서 살균시간을 단축하는 방향으로 발전하여 왔고 그 목적도 병원균 살균에서 일반세균의 살균으로 바뀌어 왔다. 현재 국내에서 공인된 우유의 살균조건을 보면 다음과 같다.

저온 살균법(저온 장시간 살균법, pasteurization, LTLT법, low temperature long time method)

비교적 규모가 작은 우유처리장에서 실시하는 방법으로서 뱃치(batch) 살균기에서 우유를 62~65℃에서 30분간 가열 처리하는 방법으로서 비용이 적게 들고 간편한 방법이므로 농촌 가정에서나 소도시에서 사용하는 방법이다. 이 방법을 batch process 또는 holding method라고도 부르는데 병원균은 전부, 그리고 일반 세균은 90% 이상이 사멸된다. 이 방법으로 살균하면 생우유 중의 모든 병원성 미생물과 대장균군의 세균을 비롯하여 *Streptococcus lactis*, *Strepcocccus cremoris* 등과 같이 유산발효에 중요한 역할을 하는 연쇄상구균도 사멸하게 된다. 완전살균을 하면 영양성분이 많이 파괴되므로 단기간에 소비되는 시유 등은 저온살균으로 병원성 미생물만을 제거한다.

고온 단시간 살균법
(고온 순간 살균법, HTST법, high temperature short time method)

열교환기와 온도−시간 자동기록계를 설치한 살균장치를 이용하여 우유를 72℃에서 15초간 가열 처리하는 방법으로 가장 보편적으로 사용되는 방법이다. 이 방법은 대량의 우유를 연속적으로 처리할 수 있고 저온살균법보다 생균수가 상당히 감소되어 103℃ 정도가 되며, 내열성 균도 거의 죽는다. 장시간 살균법에서보다 매우 짧은 시간에 이루어지기 때문에 순간살균법(flash pasteurization)이라고도 부른다.

초고온 가열법(UHTH법, ultra high temperature heating method)

높은 온도에서 순간적으로 가열 처리하는 방법으로 130~150℃로 2초간 가열 살균하여 우유를 멸균상태로 만든 다음, 무균적으로 균질화하고, 멸균포장용기에 충전, 포장하여 만든다. 냉장온도에 보관하지 않고도 장기간(3~6개월) 저장할 수 있다. 대량의 우유를 연속적으로 처리할 수 있으며, 우유 중의 미생물은 병원균은 물론, 내열성 세균이나 세균의 포자까지도 완전히 살균하여 거의 무균에 가까운 상태까지 살균 때문에 이와 같이 처리한 우유를 멸균우유(sterile milk)라 부른다. 특히 초고온 가열법은 우유의 성분을 변질시키지 않으며 대량의 우유를 연속적으로 살균처리 하므로 현재 가장 많이 이용되는 방법이다.

2. 발효 유제품

목축업으로 생계를 유지하고 있었던 유목민들에게는 발효 유제품은 매우 중요한 식품이 되었고 서북아시아, 중앙유럽, 중동 그리고 아프리카 지역에서는 지금도 발효 유제품이 매우 긴요한 식품이다. 선사 시대부터 인류가 애호하고 있는 발효 유제품은 다행히도 인간에게 유익한 유산균이 우유에 들어가서 유산을 생산하여 병원성균이나 부패균을 억제하는 기능을 갖기 때문에 우유의 보존방법으로 이용되었다.

고고학적 증거에 나타난 우유와 소의 이야기는 매우 오래 전이다. 리비아 사막에서 BC 9000년경에 소를 숭배하고 착유하는 모습이 담긴 바위를 발견하였다. 고대 이집트 사람들은 낙농에 관한 문제, 조작 등이 고분의 유물 등에서 나타내 보이고 있다. 이집트 사람들은 BC 3000년경 우유, 버터 그리고 치즈 등을 만들어 먹었다. 특히 우유, 버터, 그리고 치즈에 관한 기사가 〈창세기(18:8)〉에 기록되어 있다. 젖소는 기독교 시대 초기에 전 유럽에서 사육되었으며, 특히 적당한 강우량이 있어서 목초지가 잘 발달된 지역에 낙농이 발달하였다. 그러나 강우량이 적은 건조지역에서는 양이나 염소로부터 젖을 얻었으며, 극도의 늪지대에서는 물소로부터 젖을 얻었다. 타타르 지방이나 몽고 지방은 말에서 젖을 얻었으며, 티베트는 야크(yak)에서, 페르시아에서는 낙타, 툰드라에서는 순록, 그 외에 라마, 얼룩말 등에서도 젖을 얻었다.

우유류는 비록 비타민 C나 철이 적더라도 아직까지는 영양학적으로 가장 균형이 있는 완전한 자연식품으로 알려져 있다. 우유 및 유제품 중 발효된 것으로 대표적인 치즈와 버터, 발효유에 대하여 설명하겠다.

1) 우유와 미생물의 성장

모든 우유는 단백질, 지질, 염류, 티아민(thiamin), 리보플라빈(riboflavin), 피리독신(pyridoxine), 나이아신(niacin), 판토텐산(pantothenic acid), 비오틴(biotin), 폴리산(folic acid) 그리고 비타민 A · C · D · E · K, 각종 효소인 리파아제(lipase), 카탈라아제(catalase), 포스파타아제(phosphatase) 그리고 탄수화물인 유당이 들어 있다. 우

유에는 미생물이 성장하는 데 필요한 영양, 산소, 온도 그리고 pH가 모두 알맞으므로 미생물의 번식은 매우 잘 진행된다. 유산을 생산하는 *Lactobacillus*나 *Lactococcus* 등은 우유 속에서 매우 잘 자라며, 발효유의 보존에 기여한다. 그러나 *Escherichia, Aerobacter, Micrococcus, Bacillus, Serratia, Pseudomonas, Alcaligenes*, 그 외 많은 미생물들이 우유에 자라면서 쓴맛, 부패취, 끈적성 우유, 그리고 변색 등을 일으킨다. 다행히 식탁에 오르는 모든 우유는 열처리를 하므로 spore 형성균이나 내열성균 외에는 모두 파괴되어 우유 내 병원균의 근절은 쉽게 이루어진다. 유산균에 의한 우유발효는 아직도 우유성분을 보존하는 좋은 방법이나 효모나 곰팡이가 오염되면 그 발효유는 변질된다.

락틱 스타터 칼처(Lactic starter cultures)

미생물에 의하여 한 식품 성분이 유익한 방향으로 전환되는 발효과정을 통과하며, 이때 새로 식품이 생기는 것을 식품전환(food conversions)이라고 한다. 식품발효에 유용하게 이용되는 미생물을 고형 또는 액상 배지에서 순수하게 배양하여 원료유에 첨가한다. 이때 이용되는 미생물이 스타터 칼처(starter cultures)이다. 스타터 칼처는 무해한 미생물로 구성되며, 발효된 우유에는 좋은 풍미 그리고 영양적 가치 등을 준다. 오스트레일리아와 뉴질랜드에서는 단일 균주 스타터(single starter cultures)를 각각 배양시켜 원료유에 넣을 때 혼합한다. 현대의 유가공 산업에서 많이 사용되는 스타터 칼처 박테리아는 *Lactococci, Leuconostoc sp. Lactobacilli, pediococci* 등이다.

2) 우유의 응고에 영향을 주는 요인과 미생물

산

신선한 우유의 pH는 약 6.6인데 신선한 생우유를 실온에서 방치해 두면 산이 생성된다. 이렇게 우유 자체에서 생성된 산이나 외부의 산을 첨가하면 카제인(casein)이 응고되는데, 이 반응을 치즈의 제조에 이용한다. 채소나 과일을 우유와 함께 조리할 때 채소나 과일 속의 유기산이 이 우유를 응고시키는 원인이 된다. 우유에 토마토를 넣어 토마토 크림수프를 조리할 때 처음부터 토마토를 함께 넣고 끓이면 토마토에 있는 산 때문에 카제인이 응고되어 버물버물한 덩어리가 생기므로 토마토는 먹기 직전에 넣어야 한다. 치즈 제조에서는 바람직하나 음식을 만들 때에는 바람직하지 않은 경우가 많으므로 우유를 조리에 이용할 경우에는 등전점이 되지 않도록 조심해야 한다.

레닌

응유효소인 레닌(rennin)은 포유동물의 위에서 분비되며 카제인을 응고시키는 효소이다. 미국에서는 레닌을 위벽에서 추출하여 레넷(rennet) 정제로서 시판하고 있다.

레닌이 작용하는 온도범위는 비교적 광범위하여 10~15℃에서부터 60~65℃까지이고, 최적온도는 40~42℃이다. 낮은 온도에서는 반응이 서서히 일어나서 응고물이 부드럽고 높은 온도에서는 응고물이 단단하다.

레닌이 작용하기에 적당한 최적 pH는 5.99~6.04로 약한 산성이다. 커티즈 치즈를 제조하기 위해 젖산을 가하여 우유의 산도를 높여 레닌의 작용을 촉진하도록 한다. 산에 의한 응고와는 달리 레닌으로 응고한 경우 카제인과 결합되어 있는 칼슘이 치즈에 많이 함유된다. 레닌에 의한 치즈제조의 과정은 2단계로 나눈다. 카제인이 레닌에 의하여 파라카제인(ρ-casein)이 되는 효소적 변화와 파라카제인이 칼슘과 결합해서 칼슘파라카세네이트(calcium ρ-caseinate)가 되어서 응고하는 비효소적 변화가 그것이다. 카파 카제인(κ-casein)도 레닌의 작용을 받는다.

3. 치즈

치즈는 전유, 탈지유, 크림, 버터밀크 등의 원료 우유를 유산균에 의해 발효시키고 응유효소를 가하여 우유단백질의 응고에 의하여 생긴 커드(curd)를 유청을 제거한 다음 가열 또는 가압 등 처리 공정을 거쳐 만들어진 고형 유제품으로, 신선한 응고물 또는 이를 숙성시켜 얻어지는 식품을 말한다. 치즈의 제조는 서양에서 매우 오래된 관습이지만 사용되는 원료가 매우 다양하고 미생물 발육이 완전하게 통제될 수 없기 때문에 아직까지도 예술(art)의 단계를 벗어나지 않고 있어 치즈 이름은 생산지, 크기, 모양에 따라 다양하다. 자연 치즈는 원유 또는 유가공품에 유산균, 단백질 응유효소(rennet), 유기산 등을 가해 응고 후 유청(whey)을 제거하여 제조한 것을 말하

고, 가공 치즈는 이렇게 만들어진 자연 치즈를 주원료로 하여 유제품을 혼합하고 첨가물을 가하여 균일하게 유화시켜 제조한 것을 말한다.

여러 나라에서 다양한 종류의 치즈를 만들고 있는데, 압착시키지 않은 소프트 치즈부터 반경질 치즈, 경질 치즈 등 수많은 종류가 있다. 대부분의 치즈는 우유로 만들지만 가끔은 염소유나 양유로도 만들며, 살균하지 않은 우유로도 만든다. 대부분 공업적인 형태를 갖추고 생산하지만, 아직 전통적인 방법으로 치즈를 만들고 있는 경우도 많다.

1) 치즈의 종류와 규격 기준

치즈는 편의상 자연치즈(natural cheese)와 가공 치즈(process cheese)로 나눈다. 치즈는 커드가 신선한 상태 그대로 식용하는 것과 장기간의 숙성을 요하는 것 등 다양

표 12-3 치즈의 종류와 특성

구 분	수분 함량	치즈 종류
연질 치즈 (soft cheese)	55~80%	• 비숙성 : cottage, mozzarella, york, cream, cambridge • 젖산균에 의한 숙성 : belpaese, colwich, lactic, quarg • 흰곰팡이에 의한 숙성 : camembert, brie, neufchatel • 유정 치즈(whey cheese) : ricotta, mysost, primost
반경질 치즈 (semi-hard Cheese)	45~55%	• 젖산균에 의한 숙성 : brick, munster, limberger, port du salut • 푸른곰팡이에 의한 숙성 : roquefort, gorgonzola, blue, stilton
경질 치즈 (hard cheese)	34~45%	• 젖산균에 의한 숙성 : cheddar, gouda, edam • 프로피온산균에 의한 숙성(가스 구멍 있음) : emmental, gruyere, asiago
초경질 치즈 (very hard cheese)	13~34%	• 세균에 의한 숙성 : permasan, romeno, sapsago
가공 치즈 (processed cheese)		process cheese food, process cheese spread

자료: 이서래(1992). 가공식품학. 수학사.

한 종류가 존재한다. 가공 치즈는 자연 치즈를 주원료로 하여 여기에 다른 식품 또는 식품첨가물을 가하고 유화시켜 제조한 것이거나 종류나 숙성도가 서로 다른 자연 치즈를 배합하여 가열, 용해시켜 성형한 것을 말한다.

세계 각국 치즈의 종류는 약 800여 종에 달한다. 일반적으로 치즈를 분류하는 기준으로는 응유방법(효소응고법, 산응고법, 가열응고법), 원료유의 종류(우유, 산양유), 원료의 지방 함량(크림, 전지유, 탈지유), 숙성방법(비숙성, 세균숙성, 곰팡이 숙성 등), 치즈의 경도(연질, 경질) 등이 있다. 일반적으로 치즈의 풍미, 조직 및 외관상의 특징에 기준을 두고 분리하고 있다. 치즈는 또한 굳기나 텍스처, 숙성방법에 따라 표 12-3과 같이 나눌 수 있다. 〈식품위생법〉에서 자연 치즈 및 가공 치즈에 대한 규격기준을 보면 각각 표 12-4, 표 12-5와 같다.

표 12-4 천연 치즈의 규격기준

구 분	지방형	유고형분(%)	유지방분(%)
경질 치즈	고지방	>62.0	>31.0
	중지방	>60.0	>24.0
반경질 치즈	고지방	>57.0	>28.5
	중지방	>53.0	>21.2
	저지방	>40.0	>9.8
연질 치즈	고지방	>46.0	>23.0
	중지방	>42.0	>16.8
	저지방	>35.0	>7.0
생 치즈	고지방	>24.0	>12.0
	중지방	>22.0	>8.8
	저지방	>20.0	>4.0
	탈 지	>18.0	>3.6
보존료(g/kg)	• 디히드로초산, 디히드로초산나트륨	0.5 이하	
	• 소르브산, 소르브산칼륨	3.0 이하	
	• 프로피온산칼슘, 프로피온산나트륨	3.0 이하	
대장균군 클로스트리듐균	음성(단, 생 치즈는 1g당<10) 음성(경성 및 반경성 치즈에 한한다)		

자료: 식품위생법 재정리

표 12-5 가공 치즈의 규격기준

종 류	유고형분(%)	조지방(%)
경성 가공치즈	>50.0	>25.0
반경성 가공치즈	>46.0	>18.4
혼합 가공치즈	>38.0	>7.6
연성 가공치즈	>34.0	>6.8
보존료(g/kg)	• 디히드로초산, 디히드로초산나트륨 0.5 이하 • 소르브산, 소르브산칼륨 3.0 이하 • 프로피온산칼슘, 프로피온산나트륨 3.0 이하	
대장균군	음성	

자료: 식품위생법 재정리

2) 치즈의 역사

치즈라는 것이 가축의 젖을 그대로 두면 응고되는 물질인 커드(curd : 우유응고물)를 이용한 것이므로 인류가 가축의 젖을 마시기 시작하면서부터 만들어졌으리라 생각할 수 있다. 최초로 치즈를 만들었던 사람들은 중앙아시아의 유목민들이었으며, 이

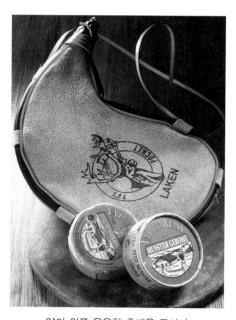

양의 위를 응용한 휴대용 주머니

들이 유럽 쪽으로 이동하면서 치즈 제조 기술을 전파하였다. 최초의 치즈는 가축의 젖에 있는 유산균에 의한 자연적인 젖산발효로 얻는 일종의 프레시 치즈였다. 고대 그리스 시대에 치즈는 매우 일상적이면서도 중요한 식품이었고, 우리가 쉽게 접할 수 있는 성경을 통해서는 팔레스타인 지방의 치즈 역사를 알 수 있는데, 〈욥기(10:10)〉(BC 1520경) 그리고 〈사무엘상(17:18)〉, 〈사무엘하(17:29)〉(BC 1170~1017)를 보면 치즈에 관한 기록을 볼 수 있다. 젖이 자연적으로 산성화되어 응고물을 얻었

던 원시적인 치즈에서 레닛(rennet)을 사용하게 된 것은 치즈의 역사에 있어 엄청난 발전을 의미하며 치즈 제조 기술이 다양화될 수 있는 밑거름이 되었다. 고대 아라비아의 행상이 먼 길을 떠나면서 양의 위로 만든 주머니에 염소의 젖을 넣어서 사막을 횡단하였는데, 여행 중 주머니를 열어 보니 염소젖이 물과 같은 액체와 흰 덩어리로 변해 있는 것을 발견하게 되었다. 양이나 송아지의 위 점막에는 천연 응유효소인 레닌(rennin)이 있는데, 이 주머니에 있던 레닌이 젖을 응고시켰던 것으로, 이를 계기로 레닌 사용 치즈가 일반화되었으며 미생물을 이용한 레닌의 대량 생산도 가능하게 되었다.

고대 로마인들은 하드 치즈의 제조방법을 완성하고 그 기술을 유럽에 전파하였다. 레닛을 사용하게 되면서 치즈 제조 기술은 더욱 발달하여 기원전 1세기에는 이미 다양한 종류의 치즈가 만들어지고 있었다. 하드 치즈는 저장과 이동이 편리한 식품이었기 때문에 로마 병사들의 중요한 식량이었으며, 하드 치즈의 제조 기술은 로마제국이 번성함에 따라 로마 병사들과 함께 이동하게 되었고 이웃 나라들에 전파되었다.

로마제국이 붕괴된 이후 유럽은 노르만, 몽고, 사라센 등 주변 민족의 침범과 페스트 등의 전염병으로 대륙 전체가 암흑기를 겪으면서 수천 년 동안 내려오던 전통적인 치즈 제조 기술은 점차 사라지게 되었으나 산 속이나 수도원에서 그 명맥을 유지하게 되어 전통적인 치즈 제조 기술이 오늘날까지 전해 내려올 수 있었다. 영국에서는 수도원에서 풍부한 노동력과 넓은 토지를 확보하고 있었고, 치즈를 과학적이고 체계적으로 연구하여 그 제법을 주변 농가에 보급, 오늘날 영국 치즈의 기반을 형성하였다. 영국의 치즈는 1066년 노르만족의 침입으로 시토회 수도승들이 요크셔로 이동하면서 본격적으로 만들어지기 시작했다. 수도원에서 만들어졌던 치즈로 오늘날까지 유명한 치즈에는 웬즐리데일(wensleydale, 영국)이나 티드 드 무안(tete de moine, 스위스) 등이 있으며, 포르 살뤼(port-salut)나 마르왈(maroilles) 같은 유명한 프랑스 치즈 이름은 처음 만들어졌던 수도원에서 유래되었다. 중세에 이미 유럽에서 알려져 있던 치즈에는 프랑스의 로커포르(roquefort)와 브리(brie), 이탈리아의 고르곤졸라(gorgonzola)·파르미자노(parmigiano), 스위스의 에멘탈(emmental)·그뤼에르(gruyere)·아펜젤러(appenzeller), 네덜란드의 고다(gouda), 영국의 체다(cheddar) 등이 있다.

근대와 현대의 치즈 제조는 냉장고 발명과 저온살균법 개발에 따라 대량 생산으로 소단위 농장을 벗어나 대형화되기 시작하였다. 미국에 체다 치즈 공장을 설립하면서 치즈의 공업적인 생산이 가능하게 되었고, 정제 레닛이 생산·시판되면서 치즈의 공장 생산이 활성화되었다. 가공 치즈는 스위스에서 최초로 개발되었으나 오늘날 치즈 생산량의 80% 이상을 차지하고 있다. 현대에 와서 치즈는 양적으로 볼 때 전통적인 방법으로 만들어지는 자연 치즈보다는 공장에서 대량으로 생산되는 자연 치즈나 가공 치즈들이 더 많으나 여전히 소규모로 만들어진 전통 자연 치즈의 맛과 향은 뛰어난 가치를 지닌다.

3) 자연 치즈의 일반적인 제조방법

자연 치즈의 제조공정은 크게 원료유의 처리, 응고와 발효, 커드의 처리, 치즈의 숙성 등 4단계로 나눌 수 있다. 각 공정은 최종 제품의 품질을 좌우하는 중요한 공정들로서 치즈의 종류에 따라서 그 제조방법도 다양하다. 자연 치즈의 일반적인 제조공정은 다음과 같다.

그림 12-2 치즈의 제조공정

신선한 우유를 오래 방치하게 되면 산화와 부패가 진행되면서 반고체의 응고물인 커드(curd)와 액체 형태의 유청(whey)으로 분리된다. 커드의 주성분은 우유 단백질인 카제인(casein)이지만 그 밖에 우유의 지방이나 불용해성 물질 등이 포함되어 있다. 우유로부터 만들어지는 커드가 가장 단순한 형태의 치즈인 프레시 치즈이고 주로 코티지 치즈(cottage cheese)라 부르는데, 숙성되지 않은 치즈이다.

본래 치즈는 신선하고 위생적인 양질의 생유로부터 만들어졌으나 근래에는 살균한 우유를 사용한다. 살균조건은 75℃에서 15초간 실시하는 고온순간살균법(HTST법)을 흔히 사용한다. 치즈의 제조과정은 치즈의 종류에 따라 다양하며 응고, 배수,

모양 성형, 염처리, 세척, 저장, 숙성 등 여러 가지 단계가 있기는 하지만, 숙성과정을 거치지 않는 프레시 치즈를 제외하면 일반적으로 크게 네 단계로 나눌 수 있다.

응고(coagulation)

치즈 제조의 첫 단계는 액체상태의 우유를 고체로 만드는 것으로 우유류를 레닛 효소나 젖산균에 의하여 굳어지게 하여 커드를 만드는 단계이다. 살균이 끝난 원료는 냉각한 다음 스타터(*Str. lactis, Str. cremoris, Lact. bulgaricus, Leu. citrouorum*) 등을 접종하면 젖산이 생성되고, 응유효소제인 레닛(rennet)를 첨가하여 카제인의 응고물인 커드를 만들게 된다. 우유를 응고시키는 방법에는 산 응고법과 레닛 응고법이 있다. 산 응고법은 산을 이용하여 응고시키는 방법으로 프레시 치즈나 크림 치즈를 만들 때 사용한다. 그 외 치즈는 주로 송아지의 네 번째 위에서 얻어지는 효소제인 레닛을 첨가하여 응고시키는 레닛 응고법을 사용한다.

우유 단백질인 카제인 분자가 레닛에 함유하고 있는 레닌(rennin)이나 펩신(pepsin) 같은 단백질 분해효소에 의해 서로 덩어리를 만들면서 우유가 부드러운 젤리 같은 형태로 변하는 것이다. 레닛을 이용하여 우유를 응고시킬 때 적절한 온도는 20~40℃ 사이이다. 15℃ 이하에는 응고가 일어나지 않으며, 60℃ 이상이 되면 열에 의해 레닌이 불활성화된다. 응고기간 동안의 온도에 따라 커드가 생성되는 속도나 단단한 정도, 탄력성 등의 성질이 달라지기 때문에 프레시 치즈나 크림 치즈 같은 소프트 치즈를 만들 때에는 비교적 낮은 온도에서, 체다 치즈나 에멘탈 같은 하드 치즈는 이보다 높은 온도에서 응고시킨다. 응고에 걸리는 시간은 치즈 종류에 따라 30분에서 36시간 사이로 차이가 많이 난다.

유청 제거하기와 모양 만들기(drainage, moulding)

젖산균이 생성하는 산에 의하여, 또는 가열에 의하여 응고된 우유(커드)를 가늘게 절단하고 점차적으로 수축시키면서 수분을 제거하는 단계이다. 어떤 치즈를 만드느냐에 따라 유청(whey)을 제거하는 방법 또한 다양하다. 커드의 굳기가 적당해지면 커드 칼(curd knife)로 잘게 절단한 후 교반, 가열하면서 응고되지 않은 훼이 부분을 제거한다. 커드는 모아서 틀(mould)에 채우고 압착기에 걸어서 남아 있는 훼이를 배출시키는 동시에 성형하게 된다. 우선 젤리 형태로 굳은 커드를 자르면 즉시 얇은 막이 형성되어 훼이를 통과시켜 빠져 나가게 하기 때문에 커드를 잘게 자를수록 훼이가 많이 제거되므로 커드를 어떻게 자르느냐에 따라 치즈의 수분 함량이 달라지게 된다. 커드를 잘게 자를수록 훼이가 더 많이 빠져나가 더 단단한 치즈가 만들어지게 된다. 커드를 벽돌 모양으로 잘라 통 안에 차곡차곡 쌓아 뒤집어 훼이를 제거하고 한 덩어리의 치즈로 만드는 과정을 체더링(cheddaring)이라 한다.

하드 치즈를 만들 때는 대개 커드를 자른 후 가열과정을 거치는데, 잘라낸 커드를 가열하면서 저어 주면 훼이가 빠져나가는 것을 촉진시켜 조직이 더 단단해지면서 치밀해진다. 이때 커드를 가열하는 온도가 높을수록 커드가 더 단단한 치즈가 된다. 수축된 응유는 판에 채워 압착하고 배수시키면서 예비발효를 계속시킨다.

가염, 세척하기

모양을 만든 커드에 소금을 가하는 과정으로 소금의 양에 따라 맛, 수분 함량, 질감 등이 달라진다. 체다(Cheddar) 치즈와 같은 경우에는 커드를 부수어 틀에 넣을 때 소금을 뿌린다. 이렇게 만든 것을 생 치즈라 부른다. 크림 치즈나 코티지 치즈를 제외한 대부분의 치즈는 가염 과정을 거친다. 가염을 하는 방법에는 소금물에 담그는 방법과 건조염을 표면에 바르는 방법이 있는데, 에담(Edam) 치즈나 고다(Gouda) 치즈, 에멘탈(Emmental) 치즈 같은 경우는 소금물에 담그는 방법을 사용하며, 파르미자노(Parmigiano)나 로커포르(Roquefort) 같은 치즈들은 건조염을 사용한다. 또는 탈레지오(Taleggio)처럼 소금물로 적신 천으로 표면을 문지르는 경우도 있다.

소금은 젖산의 형성을 돕고 미생물의 번식을 억제하는 역할을 한다. 또한 건조 과정을 촉진시켜 치즈의 외피 형성에 도움을 주기도 하며 특수한 숙성균의 성장을 도와 치즈의 맛과 향을 좋게 한다.

저장과 숙성(ripening)

가염, 세척을 거친 커드는 습하고 선선해야 하며, 환기가 잘 되는 장소에 수 주~수 개월, 종류에 따라서는 1년 이상을 두어 발효미생물의 작용에 의하여 숙성시킴으로써 치즈의 독특한 색과 질감, 맛, 향이 생긴다. 숙성실의 온도는 보통 10℃ 내외이며 습도는 80~95% 정도로 높게 유지시킨다. 숙성 중에는 치즈 특유의 풍미가 생성되고 텍스처가 부드러워지며 단백질이 가용화되는 효과가 나타난다. 숙성된 치즈는 수분이 증발되지 않도록 투명한 필름을 씌워 자연 치즈로 제품화한다.

보통 소프트 치즈는 겉에서 안쪽으로 숙성이 이루어지며, 하드 치즈는 안쪽에서 바깥쪽으로 숙성이 진행되는데, 숙성되는 동안 치즈에 있는 미생물이나 효소들이 작용하여 치즈 고유의 질감과 풍미를 얻게 된다. 또 숙성시키는 동안 치즈 외피를 소금물이나 와인, 맥주 등으로 닦아주면 특징적인 붉은 색의 외피가 형성되고 특유의 향을 갖게 된다. 겉 표면에 기름을 바르거나 붕대를 감는 경우도 있다.

숙성과정을 거치는 동안 치즈에 들어있는 유당은 젖산균에 의해 젖산으로 변하며, 지방과 단백질도 가수분해되어 치즈의 맛과 질에 크게 영향을 준다. 숙성 기간 동안 지방성분의 가수분해로 향기성분이 된다. 우유지방은 향기성분의 용매인 동시에 락톤(lactones), 메틸케톤(methyl ketones), 에스테르(esters), 알코올(alchols) 그리고 지방산 같은 향기성분의 전구체이다.

4) 치즈 발효 시의 미생물

치즈 제조에 사용되는 *Streptococcus*와 *Lactobacillus*에 의해 hexose diphosphate 발효경로를 거쳐 탄수화물(Lactose)은 pyruvate가 되고 lactic acid로 변형된다.

*Streptococcus*균은 체다 · 고다 · 코티지 치즈에 사용되고, *Lactobacillus*(*L. bulgaricus & L. acidophilus*)는 스위스 그라나(Grana) 치즈의 제조에 사용된다. 잡균에 대한 저항성 향상뿐만 아니라 산 생성, 단백질 분해능 향상을 위하여 스타터의 유전자 조작으로 활동성을 향상시킬 수 있다. 락틴산(Lactic acid)이 증가된 낮은 pH에서는 레닛의 활동, 커드 · 휘발성 물질의 형성, 효소적 활동의 촉진, 저장기간의 유지, 치즈의 숙성이 원활해진다.

5) 가공 치즈의 제조법

가공 치즈는 종류, 숙성도가 다른 천연 치즈를 서로 혼합 · 분쇄하고, 가열 · 융해하고, 유화제를 가한 후 균질화 하여 성형, 포장한 것으로서 유고형분을 40% 이상 함유한다. 치즈 외에 과일, 채소, 고기, 향료 등을 넣기도 한다. 가공 치즈는 초기에는 불량한 것의 재생법으로 이용되었으나 자연 치즈보다 유리한 점이 많아 특히 미국에서

가공 치즈

급속히 발전되었다. 가공 치즈의 특색은 밀봉되어 있어서 보존성이 좋고, 원료 치즈의 배합에 따라 기호에 맞는 맛을 낼 수 있다는 것, 맛이 부드럽다는 것, 여러 가지 형태와 크기의 포장이 가능하므로 다채로운 상품화를 꾀할 수 있다는 점 등이다. 현재에는 세계의 많은 나라에서 가공 치즈를 생산하고 있다.

가공 치즈를 만드는 방법은 주원료인 고다 치즈와 체다 치즈를 치즈 그라인더로 분쇄, 배합하여 인산나트륨이나 스트르산 나트륨과 함께 80~120℃로 수 분 동안 가열하여 용해시키는 것이다. 이들 염류는 칼슘 이온과 결합하는 성질이 있어, 칼슘과 응고되어 있던 카세인으로부터 칼슘을 빼앗아 카세인을 가용화시키므로 치즈는 쉽게 녹는다.

용해된 치즈는 7℃ 이상에서 유동성 있는 상태로 알루미늄박이나 왁스를 입힌 셀로판에 담아 밀봉하여 냉각한다.

6) 치즈의 보관법

- 온도가 높은 곳에 두면 곰팡이가 발생하여 풍미가 떨어지므로 반드시 냉장 보관하고, 냉동하면 흐늘흐늘 문드러지므로 주의한다. 치즈를 냉장고에 그대로 넣어 두면 물방울이 생겨 곰팡이가 발생할 위험이 있으므로 필히 폴리에틸렌 필름으로 감싸서 물방울이 생기지 않도록 한다.
- 건조하게 두면 치즈의 잘린 부분이 말라 딱딱해지므로 폴리에틸렌 필름으로 감싸서 공기에 닿지 않게 해 둔다.
- 플라스틱 통에 넣어 다른 재료와는 혼합하지 않는다. 두 개의 치즈를 딱 붙여 주면 안 된다. 치즈와 치즈 사이에 공기가 잘 통하도록 해 둔다.
- 적어도 먹기 45분 전에 냉장고에서 실온에 꺼내 놓는다. 그러나 냉장고에 넣고 꺼내기를 반복하면 맛의 손상이 크다.
- 치즈는 나무 위에 놓아두면 맛이 좋아진다.

- 치즈 보온의 이상적인 온도는 5~8℃ 사이이며, 절대로 직사광선에 쪼이면 안 된다.
- 잘려진 부분은 알루미늄 포일로 잘 감싸 둔다. 외피 위에 곰팡이가 발생한 부분은 완전히 깎아 낼 필요가 있다.
- 발코니에 놓아 둘 때는 잘 감싸서 나무판자 위에 두면 맛이 좋아지나 주위 공기의 습도는 일정해야 하며, 세찬 통풍은 좋지 않다.
- 일반적으로 소량씩 구입하는 것이 좋다.

7) 치즈의 성분과 영양

치즈에는 단백질과 지방이 20~30%씩 함유되어 있으며, 코티지 치즈나 크림 치즈 등은 단백질과 지방을 많이 함유한다. 숙성된 치즈의 카제인 단백질 덩어리는 소화가 어려우나 젖산균 등의 효소 작용으로 단백질, 지방 등의 수용화가 진행되어 소화 흡수되기 쉬운 형태로 변화한다. 그밖에 칼슘, 기타 무기질, 비타민 A, 비타민 B_2 등이 풍부하여 영양가가 매우 높다. 또한 치즈의 단백질 속에 아미노산 메티오닌은 간장의 움직임을 강화하는 작용이 있고 알코올 분해를 원활하게 해 주므로, 술을 마실 때 치즈를 먹으면 술을 마신 뒤 머리가 아프거나 구역질이 나는 등 뒤끝이 좋지 않은 것을 방지할 수 있다.

8) 대표적인 치즈의 종류와 특징

에멘탈(Emmentaler, 스위스 치즈) 치즈

원산지　스위스 에멘탈

맛　호두와 같은 고소한 맛

조직감　탄력 있는 조직

크기 및 모양　지름 1m, 무게 100kg의 큰 원반형이다

숙성 기간　10~12개월

특징　숙성 중에 프로피온산균에 의한 가스 발효, 치즈 내부에 가스공 형성

고다(Gouda) 치즈

원산지 네덜란드 남부 고다

맛 부드러운 맛

크기 및 모양 지름 30~35cm, 높이 10~13cm, 무게 약 8kg의 원판형

숙성 기간 36개월

에담(Edam) 치즈

원산지 네덜란드 북부 에담, 고다 치즈와 함께 네덜란드의 대표적인 치즈

크기 및 모양 편평한 공 모양이며 지름 15cm, 무게 약 2kg

숙성 기간 3~5개월

특 징 표면이 빨간색 왁스나 셀로판으로 덮여 있어서 적옥치즈라고 함

체다(Cheddar) 치즈

원산지 영국에서 가장 많이, 널리 생산되는 치즈로 잉글랜드의 남서부인 서머싯(Somerset)의 체더마을

맛 우유나 염소젖으로 만들어 순한 맛에서 달착지근한 방향과 부드러운 신맛, 자극적인 맛까지 다양

크기 및 모양 지름 37cm, 높이 30cm, 무게 약 35kg의 원통형이나 직육면체

숙성 기간 3~6개월(1년 반 이상 장기 숙성시킨 것 있음)

특 징 수분이 적은 치즈로 10℃ 이하의 저온에서 숙성시키면 질이 더욱 좋아짐. 적색이나 녹색의 왁스로 도포. 차갈색의 딱딱하고 거친 외피 속에 금빛이 도는 아이보리색의 내부는 매끄럽고 단단하며 쉽게 잘라짐. 크래커나 샐러리와 함께 먹거나 쉽게 녹아 요리에도 많이 사용

생 모짜렐라(Mozzarellar) 치즈

조직감 수분을 많이 함유하고 치즈의 결이 살아있음

특 징 부드러운 질감과 색깔을 이용하여 샐러드를 만드는 데 이용하기도 함

모짜렐라(Mozzarellar) 치즈

조직감 우유로 만드는 데 고무처럼 탄력이 있음

특 징 이탈리아의 물소젖으로 만든 것은 쉽게 변질되므로 만든 즉시 먹어야 함. 에피타이저나 샌드위치용으로 쓰임

브릭(brick) 치즈

원산지 미국

맛 약간 자극적

크기 및 모양 폭 13cm, 길이 8cm, 높이 25cm, 무게 약 2kg의 벽돌형

숙성 기간 2~3개월

로크포르(Roquefort) 치즈

원산지 프랑스 로크포르

맛 푸른곰팡이에 의한 치즈의 지방 분해로 생기는 톡 쏘는 자극적인 맛

조직감 푸른곰팡이 균사가 치즈 내부에 그물처럼 뻗어 있으며, 절단면은 아름다운 대리석 모양

크기 및 모양 지름 약 20cm, 높이 8~10cm, 무게 2~3kg의 원통형

숙성 기간 2~5개월

특 징 양유에서 생긴 푸른곰팡이로 숙성시켜 만든 치즈. 블루 치즈라고도 함

파마산(Parmesan) 치즈

원산지 이탈리아 에밀리아 로마냐 지방에서 제조된 제품만이 공식적인 이탈리아 파마산 치즈

맛 우유로 만들며 달콤한 맛에서부터 강한 맛까지 종류가 다양

조직감 매우 딱딱하여 가루로 만들어 사용

크기 및 모양 지름이 30~45cm, 높이 15~25cm, 무게 15~35kg의 원통형

숙성 기간 3~4년

카망베르(Camenbert) 치즈

원산지 프랑스 카망베르 지방

맛 순한 맛에서 진한 맛까지 골고루 있음

크기 및 모양 지름 12cm, 두께 3cm, 무게 약 300g

숙성 기간 약 3주(약간 숙성시킨 것이 향미가 더 좋음)

특 징 흰 곰팡이를 이용하여 숙성시킨 치즈. 치즈 표면에는 흰곰팡이가 펠트 모양으로 생육. 단백질 분해가 비교적 빠름. 빵에 발라 먹을 수도 있음. 에피타이저나 디저트용

마스카포네(mascarpone) 치즈

우유로 만든 크림 조직의 치즈로 부드러우면서 약간의 신맛이 가미되어 있다.

리코타(ricotta) 치즈

우암소나 양의 응고유로 만들며, 첨가유나 크림이 들어간 버터밀크를 사용하기도 한다. 디저트용으로 사용한다.

코티지(cottage) 치즈

보통 탈지유로 만드는 숙성시키지 않은 치즈로 저칼로리 고단백질 식품이다. 미국에서 대량으로 소비하며, 맛이 더 좋아지도록 소량의 크림을 첨가하기도 한다.

크림(cream) 치즈

크림이나 크림을 첨가한 우유로 만드는 숙성되지 않는 치즈이다. 버터처럼 매끄러운 조직으로 되어 있고 진한 맛을 지닌다. 미국에서 가장 많이 보급되어 있는 치즈 중 하나다.

스틸톤(stilton) 치즈

1730년대에 스틸턴 마을에서 팔기 시작한 것으로 여름철에 짠 우유로 만들어 9월부터 나오는 스틸턴이 가장 최상급품이다. 영국에서는 이를 항아리에 담아 크리스마스 선물로 보내는 풍습이 있으며, 영국인들이 '치즈의 왕'으로 부른다. 로크포르나 고르곤졸라에 비해 맛이 순한 편이며 세계 3대 블루치즈이기도 하다. 미황색에 푸른 무늬가 있으며 껍질은 진한 색을 띤다. 주름이 있고 약간 자극적인 맛을 내며, 독특한 풍미(쌉쌀한 맛 뒤이어 단맛)를 맛보려고 수프에 넣기도 한다. 스낵과도 어울리고 디저트로도 훌륭하다.

4. 버 터

1) 종류 및 규격기준

버터(butter)는 우유 중의 지방분을 분리하여 그대로 또는 첨가물을 가한 다음 교반, 연압과정을 거쳐 만들어낸 유지식품이다. 우유나 크림이 물에 지방이 분산되어 있는 에멀전(oil-in-water emulsion)인 것과는 달리 버터는 지방에 물이 분산되어 있는 에멀전(water-in-oil emulsion)이라는 점에서 독특한 텍스처를 가지고 있다(그림 12-3).

버터는 분리한 크림의 발효 여부에 따라 생 버터(sweet butter)와 발효 버터(ripened butter)로 나눈다. 그리고 유지방만으로 만든 보통 버터, 여기에 다른 식품(채소, 과일, 견과, 유지식물, 향신료 등)을 첨가하여 만든 가공 버터, 기포를 넣어 조직을 변화시키거나 유지방 함량을 낮게 한 변성 버터로 나누기도 한다. 〈식품위생법〉에 근거한 버터의 규격기준을 보면 표 12-6과 같다.

버터 제조 중에 얻어지는 크림은 우유에서 크림을 분리하는 방법이나 조건에 따라 지방함량이 달라진다. 크림은 버터 제조에 이용될 뿐만 아니라 표 12-7과 같이 그 명칭과 용도가 다른 여러 가지 제품으로 만들어져 이용되고 있다.

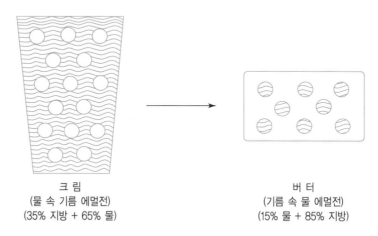

크 림
(물 속 기름 에멀전)
(35% 지방 + 65% 물)

버 터
(기름 속 물 에멀전)
(15% 물 + 85% 지방)

그림 12-3 에멀전 상태의 전환

표 12-6 **버터의 성분규격**

항 목	버 터	가공 버터
수분(%)	<18.0	<18.0
조지방(%)	>80.0	>50.0
산 가	<2.8	2.8
지방의 낙산가	20.0±2	-
타르색소	검출되어서는 안된다.	검출되어서는 안된다.
대장균군	음 성	음 성
산화방지제(g/kg) : 다음에서 정하는 이외의 산화방지제가 검출되어서는 안된다.		
부틸히드록시아니졸 디부틸히드록톨루엔 터셔리부틸히드로퀴논	0.2 이하	
몰식자산 프로필	0.1 이하	
보존료(g/kg) : 다음에서 정하는 보존료는 아래의 기준에 적합하여야 한다.		
디히드로초산 디히드로초산나트륨	0.5 이하	

자료: 식품위생법 재정리

표 12-7 **크림의 종류와 용도**

종 류	유지방(%)	용 도
커피크림(coffee cream, table cream)	10~30	커피 첨가
묽은포말크림(light whipping cream)	30~36	생과자 장식, 과일 디저트
진한포말크림(heavy whipping cream)	>36	생과자 장식, 과일 디저트
발효크림(sour cream, cultured cream)	>18	샐러드
플라스틱크림(plastic cream)	79~81	버터, 아이스크림

2) 버터의 제조공정

우유 중에는 본래 3% 내외의 지방분이 있는데, 우유를 그대로 놓아 두면 가벼운 지방분이 위로 뜨게 되어 두 층으로 분리된다. 이와 같은 자연분리법에서는 매우 오랜 시간이 걸리지만 그림 12-5와 같은 원심분리형 크림분리기(centrifugal cream

그림 12-4 버터의 제조 공정

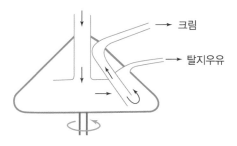

그림 12-5 원심분리형 크림 분리기의 원리

separator)를 사용하면 단시간 내에 지방분이 30~35%되는 크림과 지방분 0.5%밖에 안 되는 탈지우유로 연속적으로 분리된다.

이와 같이 분리된 크림의 산도는 보통 0.10~0.14%이지만 산도가 이보다 높으면 가열살균 시 카제인이 응고되어 버터에 남게 된다. 따라서 산도가 0.20% 이상일 때는 알칼리로 크림을 중화한다.

중화된 크림은 75~85℃에서 5~10분간 또는 90~95℃에서 15초간 살균한 다음 냉각시킨다. 여기에 *Streptococcus lactis, Str. cremoris*를 혼합 배양한 스타터를 접종하여 pH 5.2가 될 때까지 발효를 시킨 다음 숙성시켜 pH 4.8이 되게 한다. 발효 숙성의 목적은 다음의 공정인 처닝을 용이하게 해 주는 동시에 버터와 향미, 경도와 퍼짐성(spreadability)을 좋게 해 주는 효과가 있다. 발효과정 대신에 젖산과 디아세틸(diacetyl)을 첨가하는 경우도 있다.

처닝(churning)이란 크림을 격렬하게 교반하여 지방구가 뭉쳐서 팥알 정도의 작은 입자가 되도록 하는 공정으로서, 이때 사용하는 기계를 버터 교동기(butter churn)이라 부른다. 처닝이 끝나면 하층으로 분리된 버터밀크(buttermilk)를 제거하고 남아 있는 버터 입자(butter granule)에는 냉수를 넣어 서서히 회전시키면서 수세를 한다.

이와 같이 수세한 버터 입자는 그대로, 또는 가염버터의 경우는 소금을 1~2% 첨가한 다음 반죽하는 작업인 연압(working) 공정에 들어간다. 연압의 목적은 물과 소금을 버터지방 중에 골고루 분산시켜 텍스처가 균일한 버터덩어리를 얻는 데 있다. 연압이 끝난 버터는 충전기를 이용하여 파라핀이나 비닐로 피복한 종이, 은박지(aluminum foil) 또는 플라스틱 용기에 충전시킨 다음 용도에 따라 정해진 크기로 포장하게 된다.

5. 발효유

우유, 산양유, 마유 등과 같은 포유동물의 젖을 원료로 하여 젖산균(유산균)이나 효모에 의하여 발효시킨 제품을 발효유(fermented milk)라 한다. 여기에 향료와 과즙 등을 첨가하여 음용하기에 적합하도록 만들기도 한다. 발효유의 종류는 그 형태, 원료, 고형분의 함량, 미생물의 종류, 생산지역 등에 따라서 매우 다양하다. 발효유에는 사용되는 원료와 미생물에 따라 표 12-8에서와 같이 분류한다. 이들 중 젖산균을 이용한 제품인 젖산 발효유(lactic acid fermented milk)가 대부분이고, 젖산균에 의한 젖산발효와 아울러 효모에 의한 알코올 발효를 함께 일으킨 제품인 젖산-알코올

표 12-8 **발효유의 종류**

종 류	명칭(영어)	원 료	관여 미생물
젖산발효유	Yogurt	전유, 탈지유	*Lactobacillus bulgaricus* *Streptococcus thermophilus*
	Bulgarian buttermilk	전 유	*Lactobacillus bulgaricus*
	Acidophilus milk	탈지유	*Lactobacillus acidophilus*
	Cultured buttermilk	탈지유	*Streptococcus lactis* *Streptococcus cremoris*
	Cultured cream	크 림	*Streptococcus diacetilactis* *Lactobacillus citrouorum*
젖산-알코올발효유	Kefir Kumiss	전 유 말 젖	젖산균, 효모 젖산균, 효모

발효유(lactic acid-alcohol fermented milk)도 일부 알려져 있다. 발효유의 형태를 보면 본래 반고체 상태(호상)로 만들어졌으나 그 후 고형분이 적은 액상 발효유, 과일이나 감미료를 첨가한 과실 첨가 발효유, 냉동 발효유 등으로 변형되었다.

젖산발효유는 유지방 함량에 따라 고지방 요거트(유지방 3.0% 이상), 저지방 요거트(유지방 1.5% 이상) 및 탈지 요거트(유지방 0.5% 이하)로, 제조방법에 따라서 세트타입 요거트, 스터트타입 요거트 및 드링크타입 요거트로, 과일의 첨가여부에 따라서 일반 요거트(plain yoghurt), 과일 요거트(fruit yoghurt) 및 풍미 요거트(flavor yoghurt)로, 가공방법에 따라서 살균 요거트(pasteurized yoghurt), 동결 요거트(frozen yoghurt), 건조 요거트(dry yoghurt) 및 농축 요거트(concentrated yoghurt)로, 제품의 물리적 성상에 따라서 액상 요거트(liquid yoghurt)와 호상 요거트(viscous yoghurt) 등으로 분류된다. 우리나라는 발효유의 종류를 무지유 고형분의 함량에 따라서 액상 발효유와 농후 발효유로 대별하고 있으며, 농후 발효유는 다시 과일을 넣어 떠먹도록 만든 호상 요거트와 과즙을 넣어서 마실 수 있도록 만든 드링크 요거트로 세분화하고 있다.

우리나라에서는 1970년대부터 액상 요거트(fluid yogurt)가 보급되기 시작하였고, 호상 요거트가 선보이기 시작하였다. 한편 최근에는 액상 요거트(유고형분 3% 이상, 젖산균 1ml당 1000만 이상)의 보급에 따라 젖산균수가 훨씬 적은 젖산균 음료(유고형분 3% 이하, 젖산균 1ml당 100만 이상)가 청량음료의 형태로 다량 소비되고 있다. 〈식품위생법〉에 근거한 발효유의 성분규격을 보면 표 12-9와 같다.

표 12-9 **발효유의 규격기준**

성 분	발효유	농후발효유	크림발효유	농후크림발효유	발효버터유
무지유고형분(%)	>3.0	>8.0	>3.0	>8.0	>8.0
조지방(%)	–	–	>8.0	>8.0	<1.5
젖산균수 또는 효모수	>1000만	>1억	>1000만	>1억	>1000만
대장균군	음성	음성	음성	음성	음성

자료: 식품위생법 재정리

액상 요거트의 제조공정을 요약하면 다음과 같다.

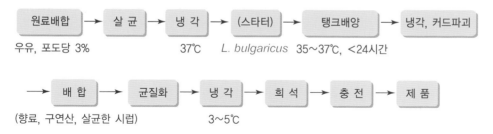

그림 12-6 액상 요거트 제조공정

13_장 과일 발효식품

1. 와 인

1) 와인의 정의

와인(wine)의 어원은 라틴어의 '비넘(vinum)'으로 포도나무로부터 만든 술이라는 의미이다. 세계 여러 나라에서 와인을 뜻하는 말은 알코올 함유 음료를 말하지만, 일반적으로 신선한 천연 과일인 순수한 포도만을 원료로 발효시켜 만든 술인 포도주를 의미하며, 우리나라 주세법에서도 역시 과실주의 일종으로 정의하고 있다.

와인은 다른 술과는 달리 제조과정에서 물이 전혀 첨가되지 않으면서도 알코올 함량이 적고, 유기산, 무기질 등이 파괴되지 않은 채 포도성분이 그대로 남아있는 술이다. 따라서 와인의 맛은 그 와인의 원료인 포도가 자란 지역의 토질, 기온, 강수량, 일조시간 등 자연적인 조건과 인위적인 조건인 포도 재배방법 그리고 양조법에 따라 달라진다. 그래서 나라마다, 지방마다 와인의 맛과 향이 다른 것이다. 와인은 이와 같은 자연성, 순수성 때문에 기원전부터 인류에게 사랑 받아 왔으며, 현대에 이르러서도 일상생활의 식탁에서 음료로서 맛과 분위기를 돋우는 역할을 한다.

2) 와인의 분류

색에 따른 분류

레드 와인(red wine)   일반적으로 적포도로 만드는 레드 와인은 적포도의 씨와 껍질을 그대로 함께 넣어 발효시킴으로써 붉은 색소뿐만 아니라 씨와 껍질에 있는 탄닌(tannin) 성분까지 함께 추출되므로 떫은맛이 나며, 껍질에서 나오는 안토시아닌계 색소로 인하여 붉은 색깔이 난다. 레드 와인의 맛은 이 탄닌의 조화로움에 크게 좌우되며, 포도 껍질과 씨를 얼마동안 발효시키느냐에 따라서 또는 포도 품종에 따라서 탄닌의 양이 결정된다.

레드 와인의 일반적인 알코올 농도는 12~14% 정도이며, 탄닌 성분이 있어 저온에서는 더욱 떫은맛을 내므로 상온(약 17~18℃)에서 마셔야 제맛이 난다.

화이트 와인(white wine)   화이트 와인은 잘 익은 백포도(적포도가 아닌 것은 전부 백포도임. 노랑, 금빛, 청포도)를 압착해서 만들고, 적포도를 이용하여 만들 때에는 적포도의 껍질과 씨를 제거하고 만드는데, 포도를 으깬 뒤 바로 압착하여 나온 주스를 발효시킨다. 이렇게 만들어진 화이트 와인은 탄닌 성분이 적어서 맛이 순하고, 포도알맹이에 있는 산으로 인해 상큼하며, 대체로 연한 밀짚색이다.

화이트 와인의 일반적인 알코올 농도는 10~13% 정도이며, 보통 와인 쿨러에서 차게(8℃)해서 마셔야 제맛이 나지만, 지나치게 차면 화이트 와인에 포함되어 있는 산과 향(aroma)을 제대로 느낄 수 없다.

로제 와인(rose wine)   적포도로 만드는 로제 와인의 색은 핑크색을 띠며, 로제 와인의 제조 과정은 레드 와인과 비슷하다. 레드 와인과 같이 포도 껍질을 같이 넣고 발효시키다가(레드 와인의 경우 며칠 또는 몇 주, 로제 와인은 몇 시간 정도) 어느 정도 시간이 지나서 색이 우러나면 껍질을 제거하고 과즙만을 가지고 와인을 만들거나, 또는 레드 와인과 화이트 와인을 섞어서 만들기도 한다. 로제 와인은 레드와 화이트의 중간색으로 색이 아름답다. 신선하고 과일향이 나며 떫은맛이 거의 없어 피크닉에서나 가벼운 파티에서 간단한 음식과 잘 어울린다. 로제 와인은 보존 기간이 짧으면서 오래 숙성시키지 않고 마시는 것이 좋고, 맛으로 보면 오히려 화이트 와인에 가

까워 차게 해서 마시는 것이 좋다.

맛에 따른 분류

스위트 와인(sweet wine)　와인을 발효시킬 때 포도 속의 천연 포도당을 완전히 발효시키지 않고 일부 당분이 남아 있는 상태에서 발효를 중지시켜 만든 와인과 설탕을 첨가한 와인 등이 있다.

드라이 와인(dry wine)　주로 레드 와인에 해당되며 포도 속의 천연 포도당을 거의 완전히 발효시켜서 당분(단맛)이 거의 남아 있지 않은 상태의 와인이다.

미디엄 드라이 와인(medium dry wine)　화이트 와인에 있어서는 산도와 당도, 레드 와인에 있어서는 당도와 탄닌 성분이 적절히 배합되어 입 안에서 중간 정도의 무게(body)를 느낄 수 있는 와인을 말한다.

알코올 첨가 유무에 따른 분류

강화 와인(fortified wine)　주정 강화 와인 또는 알코올 강화 와인(알코올 함유량 18~20%)이라고 한다. 과즙을 발효시키는 중이거나 발효가 끝난 상태에서 브랜디(brandy)나 과일 등을 첨가한 것으로서 알코올 도수를 높이거나 단맛을 나게 하여 보존성을 높인 와인이다. 프랑스의 뱅 드 리퀘르(vin doux liquere), 스페인의 세리 와인(sherry wine), 포르투갈의 포트 와인(port wine)이나 벌므스(vermouth), 뒤보네(dubonnet) 등이 대표적인 강화 와인이다.

테이블 와인(table wine)　보통 일반적인 와인을 말하는 것이며, 다른 증류주를 첨가하지 않고 순수한 포도만을 발효시켜서 만든 보통 와인을 말한다. 알코올 도수는 8~14% 정도이다.

탄산가스 유무에 따른 분류

스파클링 와인(sparkling wine)　일명 발포성 와인이라 부르는 스파클링 와인은 발효가 끝나 탄산가스가 없는 일반 와인을 병에 담아 당분과 효모를 첨가해 병 내에서 2차 발효를 일으켜 와인이 발포성을 가지도록 한 것이다. 프랑스 상파뉴 지방을 지역에서 이 방식으로 만들어진 스파클링 와인을 샴페인 방식 또는 크레망(Cremant)이라고 표기하고 있는데, 이것은 신흥 와인 생산국 등에서 스파클링 와인에 샴페인이라고 표기, 판매한 데에 따른 샹파뉴 지방 사람들의 반발 때문이다. 스파클링 와인을 프랑스에서는 뱅무소(Vin Mousseux), 독일에서는 섹트(Sekt), 이탈리아에서는 스푸만테(Spumante)라고 부르는데, 20℃에서 3기압 이상의 와인을 말한다. 1~3.5기압의 약 발포성 와인을 프랑스에서는 뱅 페티앙(Vin Petillant), 독일에서는 파르바인(Perlwein)이라 한다.

일반 와인(still wine)　일반 와인은 일명 비발포성 와인이라고 부르는데, 이것은 포도당이 분해되어 와인이 되는 과정 중에 발생되는 탄산가스를 완전히 제거한 와인으로 대부분의 와인이 여기에 속한다. 알코올 도수는 대체로 11~12%이며, 프랑스, 독일, 이탈리아 등은 보통 10~12%이다.

식사 시 용도에 의한 분류

아페리티프 와인(aperitif wine)　아페리티프 와인은 본격적인 식사를 하기 전에 식욕을 돋우기 위해서 마신다. 주로 한두 잔 정도 가볍게 마실 수 있는 강화주나 산뜻하면서 향취가 강한 맛이 나는 와인을 선택한다. 샴페인을 주로 마시지만 달지 않은 드라이 셰리(Dry Sherry), 벌무스(Vermouth) 등을 마셔도 좋다.

테이블 와인(table wine)　전채가 끝나고 식사와 곁들여서 마시는 와인으로 테이블 와인은 음식과 함께 잘 조화를 이뤄 마실 때 맛이 배가 된다. 요리에 따라 다르지만, 화이트 와인은 생선류, 레드 와인은 육류에 잘 어울린다.

디저트 와인(dessert wine)　디저트 와인은 식사 후에 입안을 개운하게 하려고 마시는 와인이다. 식사 후에 약간 달콤하고 알코올 도수가 약간 높은 디저트 와인을 한 잔 마심으로써 입안을 개운하게 마무리짓는다. 포트 와인(port wine)이나 크림 셰리(Cream Sherry), 소테른느 지역의 스위트 와인, 독일의 와인 중 트로켄베에렌아우스레제(trockenbeerenauslese)급까지가 대표적인 디저트 와인에 속한다.

저장 기간에 따른 분류

영 와인(young wine, 1~2년)　발효과정이 끝나면 별도로 숙성 기간을 거치지 않고 바로 병에 담겨져 판매되거나 장기간 보관이 안 되는 것으로 신선하고 과일향이 진하다.

에이지드 와인(aged wine or old wine, 5~15년)　발효가 끝난 후 지하 창고에서 몇 년

표 13-1 **와인의 분류**

색	제조방법	식사 용도	단맛 유무	무게감(body)
레 드	주정강화와인	아페리프트와인	드라이	풀바디
화이트	스틸와인	테이블와인	미디엄	미디엄바디
로 제	스파클링와인	디저트와인	스위트	라이트바디

이상의 숙성 기간을 거친 것으로 발효과정 중 생성된 부케나 맛이 좋다.

그레이트 와인(great wine, 15년 이상)   15년 이상을 숙성시킨 와인으로 오래 묵힌 와인이다. 모든 와인을 오래 묵힌다고 좋은 것이 아니라 포도 품종에 따라, 재배 작황에 따라서 전문가에 의해 오래 저장될 것인지 아닌지가 결정된다.

3) 제조 과정

와인의 일반적인 제조과정

재 배   와인을 만드는 첫 번째 단계는 포도나무의 재배에서 시작된다. 심고 나서 약 5년이 지나야 와인 제조용으로 쓸 수 있는 포도가 생산되기 시작하며, 약 85년 정도 계속해서 수확할 수 있다고는 하나 대체로 40년 이상의 나무는 포도에 힘이 없어 잘 사용하지 않는다. 좋은 와인은 대체적으로 젊은 포도나무(약 20~30년)에서 포도를 수확한다. 적당한 재배지역은 남위 30~50°, 북위 30~50°, 연중 강수량 500~800mm, 연간 일조량 2,800시간 정도가 적합하며 배수가 잘 되는 자갈, 모래 등이 적당하다.

전지(가지치기)   포도나무는 3월에 가지치기를 한다. 이는 수확량을 조절하므로 당도가 높은 포도를 얻고 경작을 쉽게 하기 위해서이다.

솎 기   가지치고 난 후 주요 단계는 솎기과정인데 생성되기 시작하는 포도나무의 불필요한 부분을 제거하는 것을 말한다. 7~8월에 행한다.

수 확   포도가 익어감에 따라 유기산의 함량은 감소하고 당의 함량은 증가한다. 꽃이 피고 약 100일 후 수확을 시작하는데, 9~10월에 수확을 한다. 포도의 당 함량이 최고인 시점은 포도의 품종에 따라 차이가 있다. 가장 드라이한 스타일의 스파클링 와인을 만들려면 1% 정도의 산도(acidity, 신맛 정도)와 18~19브릭스(brix)의 당도를 가질 때 수확한다. 식탁용 화이트 와인에 쓰이는 포도는 산도 0.8%와 당도가 21~22브릭스일 때 수확한다. 디저트용과 에피타이저용은 당도가 23브릭스, 산도는 낮을 때 수확한다. 무엇보다도 와인을 생산하는 지역의 기후와 환경이 다르므로 와인 제조자들은 포도의 맛과 상태를 보며 수확시기를 결정한다.

줄기 제거   수확된 포도는 스테머(stemmer)라는 기계에서 포도로부터 줄기와 대를 분리시킨다.

압착 및 발효   이 단계는 만들고자 하는 것이 화이트 와인이냐 레드 와인이냐에 따라 달라진다. 화이트 와인은 포도를 압착하여 껍질과 씨를 제거한 포도즙을 발효시킨다. 그러나 레드 와인은 껍질, 과육, 씨를 함께 압착하여 발효과정을 거치게 되는데, 이러한 과정을 통해 껍질 속에 있는 색소가 충분히 용출되고 포도의 향이 진하게 배이게 된다. 로제 와인은 레드와 화이트 와인을 섞어서 만드는 경우도 있지만 대개는 레드 와인을 만드는 과정과 유사하다. 포도즙의 색을 확인 하여 원하는 색도가 되면 압착하여 즙을 얻고 이를 발효시킨다. 발효는 보통 4~10일간 계속 된다. 레드 와인의 경우 포도 껍질의 탄닌 성분과 색소가 발효과정 중에 충분히 즙으로 용출되도록 발효시간을 조절한다. 이것을 1차 발효라 한다. 예전에는 발효조 안에 사람이 들어가 발로 밟아 으깼으나 지금은 롤러식 파쇄기를 이용한다. 분쇄와 줄기 제거가 끝난 포도는 발효조에 보내는데, 발효탱크는 전통적인 방법으로 오크통을 사용하지만 현대에는 온도조절이 가능한 스테인리스 통을 사용하기도 한다.

1차 발효   효모를 첨가하여 포도즙을 발효시킨다. 포도즙은 10~32℃에서 효율적으로 발효를 하며, 그 중에서 화이트 와인은 저온(16~21℃)에서 발효시킨다. 레드 와인은 표피가 있으므로 18~29℃가 가장 좋으나 38℃ 이상이 되면 효모가 박테리아와 동화되어 유독성 물질을 발생시키므로 적당치 않다. 반대로 너무 낮은 온도는 효모의 활동이 저하되어 알코올의 생산이 적어 와인의 생산이 원활히 되지 못한다.

2차 발효   당분이 알코올로 변하는 1차 발효과정이 끝나고 난 후 와인의 맛을 부드럽게 해 주는 2차 발효가 서서히 진행된다. 1차 발효가 끝난 것을 압착하여 포도주를 얻은 뒤 다시 2차 발효를 행한다. 이 과정을 거치면서 1차 발효를 거친 와인이 부드럽고 안정성 있는 와인으로 변화한다. 레드 와인의 경우 이 과정을 거쳐 더욱 와인의 풍미가 풍부해지므로 꼭 거치는 과정이나 화이트 와인이나 로제 와인은 생략되기도 한다. 2차 발효과정은 산도가 감소되는 과정으로 감산발효라고도 하는데, 박테리아에 의해 사과산(malic acid)이 젖산(lactic acid)로 변화하므로 와인이 부드러워진다.

여 과 발효가 끝난 와인은 여과기를 통해 찌꺼기 등을 여과한다. 이때 와인 속의 색소, 찌꺼기와 단백질, 다석 탄산물질 등을 침전시켜서 와인을 맑고 깨끗하게 하는 것으로, 이 과정에서 사용되는 청징제는 젤라틴, 달걀 흰자, 벤토나이트(Bentonite, 화산재의 풍화로 된 점토의 일종) 등이 쓰인다.

오크통에 넣기 이렇게 얻어진 액은 숙성시키기 위해 참나무로 된 통으로 보내진다. 이 참나무통 또한 나무 그 자체와 통에 담겨져 있는 시기에 따라 향 및 맛에 영향을 준다. 보통 지방이나 와인의 등급에 따라 차이는 있지만 1~2년 정도 숙성시킨다. 앞의 발효를 전발효라고도 하며 숙성시키는 과정을 후발효라고도 한다.

병 입 숙성이 끝난 후 와인은 다시 한 번 포도주 불순물을 여과하면서 병에 담겨진다.

병 숙성 저급 와인은 병입이 된 후 바로 판매에 들어가지만, 고급 와인들은 병 숙성을 통해서 와인을 한층 안정시키며, 거친 맛을 최소화한다. 병 숙성 기간은 각각의 와인마다 다르다.

와인의 종류별 제조과정

레드 와인 레드 와인은 화이트 와인과는 달리 붉은색 및 탄닌 성분이 중요하므로 포도 껍질 및 씨에 있는 붉은 색소와 탄닌 성분을 충분히 추출하여 와인을 만들어야 하므로 화이트 와인과는 제조공정에 차이가 있다.

포도의 수확 → 제경 및 파쇄 → 1차 발효 → 압 착 → 2차 발효 → 오크통에 넣기 →

숙성(18~24개월) → 여 과 → 병 입 → 코르크 마개 → 병 숙성(3~24개월) → 출 하

화이트 와인 화이트 와인은 잘 익은 백포도(청포도, 노란포도 등)나 적포도의 껍질
과 씨를 제거한 후 만든다.

포도 수확(포도밭) → 제경 파쇄(줄기를 골라내고 포도를 으깸) → 압 착 → 포도주스 →

발 효 → 앙금 분리(걸러내기) → 숙 성 → 여 과 → 병 입 → 코르크 마개

→ 병 저장 → 출하 및 판매

로제 와인 로제 와인은 레드 와인 공정과 비슷하다. 포도를 으깨는 과정이 없고 껍
질째 1차 발효를 한다. 발효과정 중 색을 확인하여 원하는 색이 되면 압착하여 숙성
과정을 거친다.

포도의 수확 → 제경 및 파쇄 → 발효과정 중 껍질 제거 → 압 착 → 숙 성 →

찌꺼기 제거 → 숙 성 → 병 입 → 병 숙성 → 출 하

스파클링 와인 스파클링 와인은 모두 프랑스 상파뉴 지방에서 개발된 방법으로 생
산한다. 스파클링 와인의 제조공정 중 특이한 과정은 거품 만들기이다. 1차 발효가
끝나 숙성과정 중의 비발포성 와인을 튼튼한 병에 넣고 여기에 설탕과 효모를 넣어 2
차 발효를 시키는 것이다. 이때 병 입구에 단단한 마개를 끼워야 한다. 이는 2차 발효
과정 중 탄산가스가 발생하여 병 속에서 탄산가스로 인한 압력이 상승하기 때문이
다. 이 탄산가스는 높은 압력으로 인해 와인 속에 용해된다. 이 2차 발효과정 중 침전
물이 생기게 되는데 이것을 제거하기 위해 병목을 아래쪽으로 비스듬히 기울여 놓는
다(상파뉴 지역에서 샴페인 저장창고에서 볼 수 있는 비스듬히 기울여 넣은 와인병).
이것을 3개월가량 날마다 돌려 주고 병목을 가볍게 쳐 주어 병목에 침전물이 모이면
그 부분을 차갑게 얼려서 뚜껑을 떼어 낸다. 그러면 침전물이 빠져 나온다. 침전물
제거의 과정을 거친 후 설탕을 조금 넣어 와인의 거친 신맛을 완화시킨 뒤 강력한 샴

페인 코르크 마개를 끼워 마무리 작업을 한다.

스위트 와인과 강화 와인　와인을 달콤하게 만들기 위해서는 발효과정을 거친 후 당이 상당량 남아 있어야 한다. 이러한 와인을 만들기 위해서는 포도 자체에 단맛이 강해야 한다. 프랑스 보르도 지역의 소테른느 와인은 벌꿀향이 나는 감미로운 와인인데, 여기에 사용되는 포도는 귀부포도(보트리티스라는 곰팡이에 감염된 포도)로서 과숙한 포도 껍질에 곰팡이가 발생하면 포도 열매의 수분이 증발하고 과피가 수축되어 건포도같이 쭈글쭈글해진다. 이 포도는 수분이 줄고 당분과 유기산이 농축되어 있다. 이 포도로 생산한 와인은 단맛이 진하고 향이 풍부하다. 강화 와인은 대개 브랜디나 순수 알코올을 혼합하여 만든다. 포트 와인은 발효과정 중에 브랜디를 섞어 알코올의 함량이 높아지고 발효가 중단되므로 단맛도 생기는 와인이다. 그러나 쉐리는 발효가 끝난 후 브랜디를 섞기 때문에 드라이한 맛을 낸다.

14장

식초 발효식품

식초란 술이 산화 발효되어 신맛을 내는 초산을 주체로 한 발효식품으로, 사람이 만들어낸 최초의 조미료라고 할 수 있으며, 우리의 식생활에서 없어서는 안 되는 식품이다. 이것은 자연 발생적으로 만들어진 과실주가 발효되어 식초로 변하였고 과실주에 이어 곡주가 양조되었는데, 그 술을 저장하는 과정에서 식초가 만들어졌기 때문이다. 식초의 종류는 곡류, 과실류 및 주류 등을 주원료로 하고, 이것을 발효시켜 제조한 양조식초와 빙초산 또는 초산 등을 음료수로 희석하여 만든 합성식초 등이 있다. 옛날부터 동서양을 막론하고 식품의 조리과정이나 절임식품, 마요네즈, 케첩, 소스류 등 다양한 조리에 이용되어 오늘날까지 전래되는 발효식품이다. 식초의 어원은 포도주의 술이 발효되어 신맛을 얻는다는 뜻에서 유래된 것이다. 일반적으로 쌀, 고구마, 술지게미 등을 원료로 하여 이것을 당화시키고 알코올 발효 등을 차례로 일으켜 만드는 것이 일반적이지만, 최근에는 여러 가지 과실 식초인 포도 식초, 감 식초, 사과 식초, 배 식초, 레몬 식초, 매실 식초, 인삼 식초, 현미 식초, 흑미 식초 등 다양한 식초가 만들어지고 있다. 옛날엔 우리나라의 각 가정에서 직접 쌀초, 보리초, 밀초 등의 곡물초와 매실초, 감초 등을 직접 만들어 사용하였으나 산업사회 이후 현재에는 대부분 제품화된 식초를 이용하고 있으며, 최근 식생활의 서구화와 다양화 및 식초의 건강 기능성 인식 등으로 식초 소비도 꾸준히 증가되고 있다. 한편 육식 식습관의 서양에서는 식초 소비량이 우리의 약 4배에 달하며, 포도 생산이 많은 프랑스에서는 포도주와 함께 포도 식초도 식문화에 큰 비중을 차지하고 있다. 우리나라에서 식초를 사용한 시기는 정확히 알 수는 없으나 《지봉유설》(1613년)에 "초를 다른 말로 쓴 술이라고 한다."고 한 것으로 보아 식초 제조는 주류 발달과 함께 하였을 것으로 본다. 《고려도경》(1124년)에는 "앵두가 초맛 같다."고 하였으며, 《고사촬요》(1544년)는 식초제조법이 기록된 최초의 문헌으로 보리를 재료로 하여 만든 '양조초'에 대해 기록하고 있다.

식초의 조성은 초산 이외에도 휘발성이나 비휘발성의 각종 유기산류와 당류, 아미노산, 에스테르류 등을 함유하며, 원료에서 유래한 특유의 맛과 향 그리고 발효과정에서 생성된 방향과 감칠맛 등이 있다. 식초는 음식에 넣으면 시고 달콤한 맛을 내며 짠맛, 단맛 등을 부드럽게 해 준다. 또 독특한 향을 내고 살균작용을 하기 때문에 날로 먹는 음식에는 거의 필수적이며, 봄·여름 음식에 특히 많이 사용된다.

식초 양조에 사용되는 주요 미생물은 *Acetobacter aceti*인데, *Acetobacter* 중에서 점성물질을 심하게 생성하는 *Acetobacter xylinum*과 생성된 식초산을 다시 이산화탄소로 산화시키는 몇 가지 종류를 제외하고는 대부분이 쓰일 수 있다.

최근의 식초는 4.0~15%의 아세트산(초산)을 주성분으로 하는 산성 조미료나 제조법에 따라 여러 종류가 있으며, 크게 양조 식초와 합성 식초로 나눈다. 양조 식초는 당질 또는 전분질을 알코올 발효시켜 여기에 종초를 가하여 초산 발효를 하여 만든다. 유럽에서는 과실류, 당밀, 과실주, 우리나라와 일본에서는 쌀, 술지게미, 알코올, 맥아 등이 원료로서 사용된다. 알코올을 원료로 할 때는 증류에 의해 얻어지는 알코올을 물로 5~8%로 희석한 것에 중초로서 초산균을 함유한 초를 가하여 초산 발효를 한다. 이때 초산균의 번식에는 영양분으로서 포도당이나 펩톤 그리고 무기염도 필요하므로 이것을 술지게미이나 물엿의 형태로 첨가한다. 담금통에서 28℃ 내외의 온도에서 1~3개월 정치 발효시켜 여과 살균하여 제품을 만드는데 살균온도는 65℃ 전후이다. 이와 같이 하여 만든 초를 알코올 식초(주정초)라고 하며 현재 시판되는 대부분의 식초이다. 쌀이나 술지게미, 고구마와 같은 전분질을 원료로 할 때는 이것을 당화, 알코올 발효, 초산 발효를 행하여 초를 만든다. 초산 발효에는 좋은 초산균을 다량으로 배양한 중초가 필요하다. 초산균은 초산 생산속도가 빠르고 산 생성량이 많은 방향성분과 정미성분을 다량 생성하는 것이 좋으나 매회 중초를 만드는 것은 번잡하므로 발효 경과를 거친 초덧의 일부를 중초로 하여 사용하는 것이 일반적이다. 과일 식초에는 *Acetobacter acetic, Acetobacter mesoxydams*가 사용된다.

합성초는 빙초산 또는 초산의 희석액에 당질, 산미료, 화학조미료, 식염 등을 가한 것으로 식품규격에서도 산도, 무염가용성 고형분 그리고 양조초의 혼합비율이 규정되어 있다.

식초는 생채, 생선회, 초밥, 초절임 등의 전통적인 요리를 맛들일 때 사용하거나, 외국요리에서 사용되는 맥아초, 포도초, 사과초 등도 용도에 따라 다양하게 사용된다. 또 식품의 다양화에 따라 서양 조미료인 소스, 마요네즈, 드레싱 등의 소비가 급격하게 증가하여 식초는 이들의 부재료로서 사용하게 되었다.

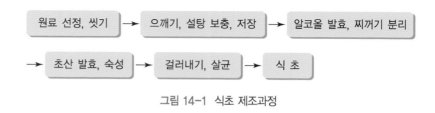

그림 14-1 식초 제조과정

1. 곡물 식초

쌀 식초는 아시아 요리에 가장 많이 쓰이는 식초로 그 재료에 따라 붉은색, 흰색, 갈색, 검은색 등 다양한 색깔을 띤다. 쌀의 사용량이 식초 1L당 40g 이상이면 다른 원료가 함유되어 있어도 쌀 식초라고 부른다. 쌀 식초는 다른 식초보다 신맛이 덜하기 때문에 비니그레트 소스(vinaigrette sauce)를 만들 때 많이 이용하는데, 쌀 식초로 인해 소스의 지방 함량과 칼로리가 낮아지기 때문이다. 허브 풍미를 더하는 데도 좋다. 쌀로 만든 것이니 만큼 건강에 좋은 성분이 많이 들어 있음은 말할 필요도 없다.

쌀 식초는 사과 식초나 레드 와인 식초와 달리 칼륨 함량이 낮지만, 대신 우리 몸이 필요로 하는 무기질인 인과 칼슘은 더 많이 들어 있다.

식초의 종류

- 양조 식초 : 감칠맛과 신맛이 강하다. 강한 신맛과 풍미가 맛을 돋운다.
- 현미 식초 : 곡물 식초로 쓰임새가 다양하며, 생선초밥, 샐러드, 초간장, 장아찌 등에 좋다.
- 복숭아 식초 : 식욕 부진, 천식, 피부 미용에 좋으며, 달콤한 복숭아향이나 채소무침에 넣으면 음식의 향을 돋워준다.
- 매실 식초 : 은은한 매실향은 생선회에 이용하면 좋다.
- 참다래 식초 : 피부미용, 고혈압 예방에 좋다.
- 포도 식초 : 서양 요리에 폭넓게 쓰이는 식초로 고기 요리와 채소, 샐러드 드레싱으로 이용하면 좋다.
- 사과 식초 : 상큼한 사과 향 때문에 드레싱으로 자주 사용된다. 생선초밥, 초간장, 초고추장, 각종 장아찌, 나물 무침, 냉면 등에 좋다.

1) 전통 쌀 양조 식초

✻ 재 료

멥쌀 2.7kg, 누룩가루 1.5kg, 물 10L, 소주 180ml(주정 2.5% 함량)

✻ 만들기

1. 쌀을 물에 8시간 정도 담갔다가 고두밥을 지어 완전히 차게 식힌 다음, 누룩가루 1.5kg과 물 10L를 함께 섞어 고루 치대어 항아리에 담고 베보자기로 밀봉하여 술을 안친다.
2. 햇볕이 좋고 바람이 잘 통하는 곳의 온도, 즉 28~30℃ 정도의 실내 온도에서 1주일 정도 알코올 발효시키면 술이 익는다.
3. 술이 익으면 체에 밭쳐 막걸리를 걸러 낸다.
4. 막걸리 1되에 소주 1홉의 비율로 섞어 다시 항아리에 안쳐서 초산 발효에 들어간다.
5. 초산 발효과정 역시 알코올 발효에서와 같이 22~23℃ 온도에서 5일 정도 지내면 초눈이 생겨나면서 초가 되는데, 한여름이 초 만들기에 가장 좋은 조건이 된다.

막걸리를 재발효시켜 만든 전통 양조 식초는 감칠맛과 향이 뛰어나며 부드럽다. 강한 신맛과 풍미가 맛을 돋우는 초고추장, 장아찌, 냉국, 냉채 등에 적당하다.

2) 현미 식초

★ 재 료

현미 500g, 흑설탕 300g, 물 7.2L

★ 만들기

1. 현미는 엿기름을 기르듯 발아시키되, 싹이 1.5cm 정도 되면 믹서에 갈아서 흑설탕과 물을 섞어 잘 버무린다.
2. 이를 오지 항아리나 식초병(옹기)에 담아 따뜻한 곳에서 약 1주일간 발효시킨다.
3. 현미가루와 설탕이 침전되면 발효가 잘 되지 않으므로 가끔 병을 흔들어 준다.

- 현미 식초를 이용하여 건강음료를 만들 수 있는데 현미 식초(1.8L)에 소주(1.8L), 흑설탕(2kg)을 혼합시켜 2~3일간 두면 흑설탕이 완전히 녹는다. 이것을 냉장고에 두고 여름철에 적당량 상복하면 음료로서뿐만 아니라 식욕이 살아나고 건강에 좋다.
- 아미노산이 풍부한 현미 식초는 장 기능을 강화한다. 노화 방지, 동맥경화, 비만 방지 등에도 효과가 있다. 건강음료를 만들어 먹어도 좋은데, 식욕을 증진시킨다. 생선초밥, 샐러드, 초간장, 장아찌 등에 첨가하면 좋다.

---

3) 보리 식초

★ 재 료

보리쌀 1.5kg, 누룩가루 150g, 물 5L

★ 만들기

1. 보리쌀을 물에 씻은 다음, 죽처럼 질게 밥을 한다.
2. 넓은 그릇에 퍼 담아 온기가 40℃ 정도 되게 식힌다.
3. 2에 누룩가루와 물을 넣고 잘 버무린 다음 그릇에 담는다. 이때 목이 길고 밑이 넓은 항아리를 이용하면 효과적이다. 유리병이면 누룩가루를 섞은 밥을 넣은 뒤엔 그릇 입구를 베보자기로 덮어 뚜껑을 느슨하게 닫는다.
4. 처음에는 15~20℃의 따뜻한 곳에서 6~7일간 발효시킨다.
5. 보리술이 되면 보리와 누룩 건더기를 베보자기로 걸러낸다.

6. 물기 없이 닦아낸 그릇에 걸러낸 막걸리를 담고 25~30℃에서 2~3개월 발효시키면 식
   초가 된다.

한방에서 보리는 오장을 튼튼하게 하고 설사를 멎게 하는 효과가 있다고 한다. 실제 보리로 만든
엿기름은 민간 소화제의 역할을 했다. 보리는 지방과 탄수화물이 적어 한창 크는 어린이나 임산
부, 칼로리를 적게 섭취해야 하는 당뇨병 환자에게 적합한 식품이다. 또 살균 효과가 있어 음식
이 쉬는 것과 식품의 변색도 막아준다.

2. 과일 식초

원 료　잘 익은 과일을 이용하거나 부산물(낙과)일 경우는 산도가 발효에 적합
(0.4%)하여야 한다.

씻 기　과일을 흐르는 물에 잘 씻어 흙이나 모래 등의 이물질을 제거한 후 바구니에
담아 물기를 뺀다.

으깨기　절구에 넣고 으깨기 전에 부패된 부분을 칼로 먼저 제거한다. 으깰 때는 금
속기구를 사용하는 것이 좋다.

설탕 보충　알코올 발효를 위한 과즙의 발효성 당 함량은 24% 정도라야 하는데, 실
제는 이보다 낮기 때문에 설탕을 첨가하여 당도를 높인다.

설탕을 첨가할 때는 〔▲설탕첨가량(g) = 과즙무게(g)×(0.24-과즙의 실제당도)〕 공식에 의해 산
출한다. **예 복숭아 공식** 설탕(150g) = 복숭아즙(1,000g) × (0.24-0.09)

알코올 발효　당도를 24%로 만든 과즙을 항아리에 70% 정도로 채우고 서늘한 장소
에서 발효시킨다. 발효 초기에는 공기가 잘 통해야 하므로 항아리 뚜껑을 망사와 같
은 천으로 덮어준 후 하루에 1~2회씩 항아리를 흔들어 주면서 통기량을 늘려 산소
공급을 원활하게 한다. 온도에 따라 발효기간이 달라지는데 섭씨 15℃에서는 1~2
주, 30℃에서는 수 일 만에 발효가 끝나기도 한다. 일반적으로 3~4일이 지나면 발효
최성기가 되는데, 이때 비닐 등으로 항아리를 완전 밀봉하여 발효를 지속시킨다.

찌꺼기 분리　주발효가 끝나면 면으로 된 자루에 담아 눌러 짠다. 너무 심하게 누르

면 과일 껍질 등이 섞이고 주액이 혼탁해지므로 70% 정도만 짜내는 것이 바람직하다. 찌꺼기를 분리시킨 액은 초산 발효의 원료가 된다.

초산 발효   주액을 알코올 농도가 4~6% 되도록 맑은 물을 섞어서 25~30℃ 장소에 놓아두고 초산 발효시킨다. 알코올 초산 발효는 산화반응이기 때문에 발효과정 중에 다량의 산소를 필요로 하므로 통기량을 많게 하기 위해서는 표면이 넓은 용기를 사용하여 액층을 낮게 한 다음 발효시킨다. 초산 발효 최적조건은 알코올 농도 4%, 실내온도 30℃이다.

익히기   최초 숙성기간은 식초 종류에 따라 다르다. 일반적으로 5~10℃에서 2~3개월이 소요되며, 숙성과정에서 고유한 초산의 자극냄새, 향미가 이루어지고 분해가 되지 않은 단백질, 펙틴 등이 침전되어 여과 정제를 용이하게 한다.

걸러내기   숙성이 끝나면 과거에는 볏짚이나 보리짚을 태운 검은 재로 걸렀으나, 숯을 사용하여 면포로 여과하는 것이 좋다. 숯은 색소뿐 아니라 이상한 냄새, 불순물을 빨아들이는 능력이 커서 지금도 사용되고 있다.

살 균   식초에는 초산균 이외도 내산성의 불완전 균이 남아있을 수 있으므로 품질보존을 위해서 살균과정을 거칠 필요가 있다. 식초를 깨끗한 유리병에 넣고 60~65℃에서 30분, 또는 80℃에서 5분간 가열하여 살균한다. 살균 후에는 마개를 꼭 막아서 서늘한 장소에 보관하면 장기간 깨끗한 위생적인 과일 식초를 먹을 수 있다.

1) 사과 식초

마시기만 해도 다이어트 효과가 있는 과일 식초는 어떤 과일로 만들어도 효과는 같으므로 제철 과일을 활용한다. 과일 식초를 만들 때 아미노산, 구연산, 미네랄 성분이 풍부한 쌀 식초를 사용하는 것이 가장 좋지만 재료에 따라 색을 살리고자 할 때는 무색의 시판 과일 식초나 곡물 식초를 활용한다. 과일 식초는 실온에 1년 정도 두고 먹어도 좋지만 기온이 높은 여름에는 주의해야 하는데, 기온이 올라가면서 과일 식초가 발효되고 병뚜껑이 날아가거나 병이 깨질 수 있으므로 여름철에는 냉장고에 보관한다.

✱ 재 료

사과 4kg, 꿀(설탕) 360g, 물

✱ 만들기

1. 상처가 났거나 숙성기간이 지나 맛이 변한 사과의 껍질을 벗겨서 씨 속을 제거한 다음, 절구나 믹서기로 마쇄한다(단, 금속은 피한다).
2. 알코올 발효를 위해 꿀이나 설탕을 24% 첨가한다.
3. 2의 과즙은 오지 항아리에 70% 정도(항아리 용량) 채운 뒤 상온 20~25℃에서 발효시킨다. 뚜껑을 덮기 전에 망사로 씌운 후 뚜껑을 덮는다. 산소 공급을 위해 하루 1회씩 흔들어 준다.
4. 15℃에서는 3~4주, 20~25℃에서 1~2주, 28~30℃에서 5~10일이 요구된다(발효기간).
5. 면이나 베로 된 자루를 이용하여 짜는데, 주액과 술지게미를 분리한다.
6. 알코올 발효 후 5의 주액만을 4~6%(알코올 함량)되게 물로 희석한다.
7. 25~30℃에서 초산 발효시키는데, 이때 희석한 주액만큼 물을 추가하여 붓고 초산 발효에 들어간다.
8. 초산 발효 후 균막이 생기는데 흔들지 말고 그대로 둔다. 흔들면 균막이 깨져 다시 형성될 때까지(온도가 떨어져) 발효가 늦어진다.
9. 서늘한 곳 5~10℃에서 2~3개월간 숙성시킨 후 여과하고, 60~65℃에서 30분, 80℃에서 5분 가열하여 살균시킨다.

2) 감 식초

✱ 재 료

연시 3kg

✱ 만들기

1. 빨갛게 익은 연시를 물에 살짝 씻어 물기를 제거한다.
2. 파쇄하여 담는데, 이때 항아리에 물기가 없게 하고 감의 양이 항아리에 70%가 되게 해야 나중에 발효될 때까지 넘치지 않는다.
3. 항아리 입구를 베보자기로 덮어 공기가 잘 통하게 한다.
4. 처음에는 15~20℃에서 6~7일간 두었다가 점차 온도를 높여 25~30℃에서 6개월~1년간 자연 발효시킨다.

5. 알코올 발효가 일어나기 시작할 때 '폭폭' 소리가 나면 항아리를 흔들어 통기량을 늘려 줌으로써 산소 공급이 원활하게 되어 발효가 촉진된다.

6. 주발효가 끝나면 찌꺼기를 압착제나 베로 만든 자루에 담아 압착하여 70% 정도를 걸러 낸다.

7. 압착한 액을 알코올 농도가 4~6%가 되도록 끓여 식힌 물을 붓고 희석한 다음, 다시 항아리에 담아 25~30℃에서 3개월간 초산 발효시킨다.

8. 초산 발효 후 깨끗한 유리병에 식초를 넣고 60~65℃에서 30분, 80℃에서 5분간 가열하여 살균한다.

9. 살균 후 마개를 꼭 막아 서늘한 곳에서 보관한다.

감은 다른 과실의 8배가 되는 비타민 C를 함유하고 있다. 피부 노화를 방지해 주고 고혈압과 심장병 등의 순환기계 질병에 탁월한 효과가 있다.

---

3) 참다래 식초

★ 재 료

참다래 3.6kg, 생(쌀) 막걸리 3.6L, 흑설탕 1kg

★ 만들기

1. 생 막걸리는 쌀로 지은 고두밥에 누룩과 물을 넣어 발효시킨 것으로 준비한다.

2. 생 막걸리에 파쇄한 참다래와 흑설탕을 함께 버무려서 항아리에 담아 실내 온도 30℃ 정도 되는 곳에서 발효시킨다.

3. 한여름에는 15일 가량 지나면 식초가 된다.

• 일반 양조 식초와 달리 흑설탕을 넣는 이유는 참다래의 발효에 따른 당화 촉진이 주목적이며, 부패를 막기 위한 것이다.
• 참다래는 비타민 C가 특히 많은 과실로 고혈압 예방에 효능이 있는 것으로 알려지고 있다.

---

4) 포도 식초

✷ 재 료

포도알(거봉) 2kg, 흰설탕 100g

✷ 만들기

1. 포도를 깨끗이 씻어 부패한 것을 가려내어 파쇄한다. 설탕을 첨가하여 항아리나 통에 담아 20~25℃에서 2~3개월간 당화 및 알코올 발효를 시킨다.
2. 알코올 발효가 끝나면 알맹이를 건져내고 9개월간 초산 발효를 한다.
3. 초산 발효가 끝난 것을 다시 여과하여 깨끗한 유리병에 넣고, 50~65℃로 30분 또는 80℃에서 5분간 중탕살균을 한 뒤 서늘한 곳에 보관하여 사용한다.

- 식용 식초로는 포도 식초 한 가지만을 지정하고 있는 나라도 있을 정도로 최근에는 포도 식초가 인기 있는 건강식품으로 떠오르고 있다.
- 포도 식초는 피로 회복, 감기 예방, 인체의 노폐물과 독소 제거, 숙취 해소, 간 기능 강화와 살균작용 등 다양한 효능을 가지고 있다. 서양 요리에 폭넓게 쓰이는 식초로 고기 요리와 채소 샐러드 드레싱으로 이용하면 좋다.

5) 복숭아 식초

✷ 재 료

복숭아 2kg, 흰설탕 300g

✷ 만들기

1. 잘 익은 복숭아를 깨끗이 씻어 으깬 다음, 설탕을 넣어 발효가 잘 이뤄지도록 한다.
2. 항아리에 담아 이를 서늘한 장소에서 3~4일간 당화시킨 뒤, 완전 밀봉하여 다시 10일 정도 알코올 발효시킨다.
3. 발효가 끝나면 면 자루에 담아 눌러 짠다. 너무 세게 눌러 짜면 주액에 찌꺼기가 배어 나오므로 70% 정도만 짠다.
4. 알코올 발효된 주액에 물을 섞어 알코올 농도가 4~6%되도록 맞춰 24~30℃에서 초산 발효시킨다.
5. 초산 발효에 따른 온도와 기간은 5~10℃에서 2~3개월이며, 면포로 재차 걸러낸다.

6. 초산 발효가 끝난 식초에는 초산균 외에 내산성의 불완전 균이 남아 있을 수 있으므로 깨 끗한 유리병에 넣고, 50~65℃에서 30분 또는 80℃에서 5분간 중탕 살균하여 서늘한 곳 에다 보관해 두고 사용한다.

6) 유자 식초

★ 재 료

유자속(껍질과 씨 제거) 2kg, 생(쌀) 막걸리 1L, 흰설탕 600g

★ 만들기

1. 늦가을에서 초겨울 사이에 수확한 유자를 구입하여 과피는 벗겨서 유자차를 만들고 분리 된 속청을 한데 모아서 씨를 뺀다.
2. 이를 오지로 된 항아리에 담고 쌀로 만든 전통 막걸리를 붓는다.
3. 항아리 입구를 베보자기로 덮고 20~25℃에서 발효시킨다.
4. 발효에 들어간 지 3개월 정도면 유자와 독특한 향과 신맛이 뛰어난 유자 식초가 만들어 진다.

유자는 비타민 C가 레몬의 3배가 넘는다. 피로를 풀어주고, 감기는 물론 신경통, 풍의 치료와 예 방에 좋다. 특히 유자 속의 히스페레인 성분은 비타민 P와 같은 효력을 가지고 있으며, 우리 몸 속의 모세혈관을 튼튼히 보호하고, 뇌혈관계 장애로 일어나는 풍 등의 증상에 특별한 효능을 나 타낸다.

7) 매실 식초

★ 재 료

매실 2kg, 황설탕 500g

★ 만들기

1. 매실을 물로 깨끗이 씻은 뒤, 물기 없이하여 오지로 만든 항아리에 담는다.
2. 매실 60%, 황설탕 40%, 또는 매실 80%에 황설탕 20%의 비율로 항아리에 채우되, 황설탕 적당량을 남겨 위를 덮어 준다.

3. 항아리는 햇볕이 잘 드는 양지에 자리를 잡아 5개월간 알코올 발효를 거친 다음, 면포로 걸러 낸다.

4. 새로운 항아리에 주액만을 담고, 같은 장소에서 다시 5개월간 숙성시키면 매실 식초가 만들어진다.

> • 들어가는 설탕은 발효에 따른 잡균의 침입과 부패를 예방하고, 매실의 강한 신맛을 덜어 준다.
> • 매실식초는 조미료용 보다 음료로, 또는 약으로 마시기에 좋다. 산뜻한 맛으로 인해 소스에 넣으면 좋다.

8) 산머루 식초

✱ 재 료

산머루 2kg, 흰설탕 300g

✱ 만들기

1. 잘 익은 산머루를 깨끗이 씻은 다음 소쿠리에 건져 밭쳐 놓고 설탕을 첨가하여 항아리나 통에 담아 설탕을 넣고 20~25℃에서 2~3개월간 당화 및 알코올 발효시킨다.

2. 알코올 발효가 끝나면 알맹이는 건져내고 9개월간 초산 발효를 한다.

3. 초산 발효가 끝난 것은 다시 여과하여 깨끗한 유리병에 담고 50~60℃로 30분 또는 80℃에서 중탕 살균을 한 뒤 서늘한 곳에 보관하여 사용한다.

참고문헌

구천서(1994). 세계식생활문화. 향문사.

김두진 외 5인(1997). 식품가공저장. 지구문화사.

김부식 원저(1573)·이병도 역(1983). 삼국사기. 을유문화사.

김상보(1997). 한국음식생활문화사. 광문각.

김상순(1985). 한국전통식품의 과학적 고찰. 숙명여자대학교 출판부.

김상순 외(1992). 식품가공저장학. 수학사.

김정목 외 3인(2003). 식품가공저장학. 신광문화사.

김정환 외 3인(2004). 식품미생물학 및 발효식품학 실험. 지구문화사.

노완섭 외 4인(2007). 식품미생물학. 지구문화사.

농촌진흥청(2006). 식품성분표 7차 개정판.

박건영(2012). 발효식품의 건강기능성 증진효과. 식품산업과 영양 17(1)1-8.

박정숙 외 1인(2007). 식음료서비스. 도서출판 효일.

박헌국 외(2003). 식품가공저장학. 진로연구사.

산도르 엘리츠 카츠 저·김소정 역(2007). 천연발효식품. 전나무숲.

심상국·손홍수·심창환·윤원호·황종현(2005). 발효식품학. 진로연구사.

안창순 외 2인(2005). 식품위생학. 동서문화사.

윤숙자(2003). 한국의 저장발효음식. 신광문화사.

이경애 외(2004). 식품가공저장학. 교문사.

이기열(1997). 한국음식대관 제1권, 한국인 식생활의 영양평가. 한국문화재보호재단.

이삼빈 외 5인(2004). 발효식품학. 도서출판 효일.

이서래(1992). 가공식품학. 고문사.

이서래(1992). 한국의 발효식품. 이화여자대학교 출판부.

이석현 외 2인(2002). 현대칵테일과 음료이론. 백산출판사.

이성갑 · 김동수(1999). 수산식품가공이용학. 광문각.

이성우(1985). 한국요리문화사. 교문사.

이성우(1992). 한국고식문헌집성 고조리서 II, 증보산림경제(1766년). 수학사.

이용기(1930). 조선무쌍신식요리제법. 영창서관.

이춘자 · 김귀영 · 박혜원(2004). 장. 대원사.

이춘자 · 김귀영 · 박혜원(1998). 김치. 대원사.

이한창 · 原敏夫(1995). 청국장의 신비. 신광출판사.

장지현 · 서병철 · 정동효 외(2001). 한국음식대관4권, 발효 저장 가공식품. 한국문
화재보호재단.

장학길 외(2006). 식품가공저장학. 라이프사이언스.

정기택 · 하영선(1992). 신고 발효공학. 수학사.

정동효(2004). 아시아전통발효식품사전. 신광출판사.

정부인 안동장씨(1670경). 음식디미방. 경상북도 영양군 2007 발행.

정현숙 외 3인(1997). 새로운 조리과학. 지구문화사.

황혜성 · 한복려 · 한복진(1990). 한국의 전통식품. 교문사.

Reay Tannahill(1989). Food in history. Three Rivers Press.

Wilhem Hozapfel(2015). Advances in Fermented food and Beverages _
Improving Quality, Technologies and health Benefits.

참고 사이트

전주국제식품엑스포. www.iffe.or.kr

찾아보기

저자소개

최영희 백석문화대학교 외식산업학부 교수, 한국의 맛 연구회 연구이사
윤재영 안산대학교 호텔조리과 교수, 한국의 맛 연구회 부회장
이춘자 한국의 맛 연구회
정외숙 수성대학교 호텔조리과 교수, 한국의 맛 연구회 부회장
전정원 전 혜전대학교 호텔조리외식계열 교수, 한국의 맛 연구회 전 회장
김귀영 경북대학교 식품외식산업학과 교수, 한국의 맛 연구회
양영숙 광주시 무형문화재 제17호, 한국의 맛 연구회

2판 이론과 실제
발효식품

2009년 3월 5일 초판 발행 | 2017년 3월 2일 2판 발행 | 2022년 2월 11일 2판 2쇄 발행

지은이 최영희 · 윤재영 · 이춘자 · 정외숙 · 전정원 · 김귀영 · 양영숙 | **펴낸이** 류원식 | **펴낸곳 교문사**

편집팀장 김경수 | **책임진행** 이유나 | **디자인 · 본문편집** 김경아

주소 (10881)경기도 파주시 문발로 116 | **전화** 031-955-6111 | **팩스** 031-955-0955
홈페이지 www.gyomoon.com | **E-mail** genie@gyomoon.com
등록 1960. 10. 28. 제406-2006-000035호
ISBN 978-89-363-1636-5(93590) | 값 19,700원